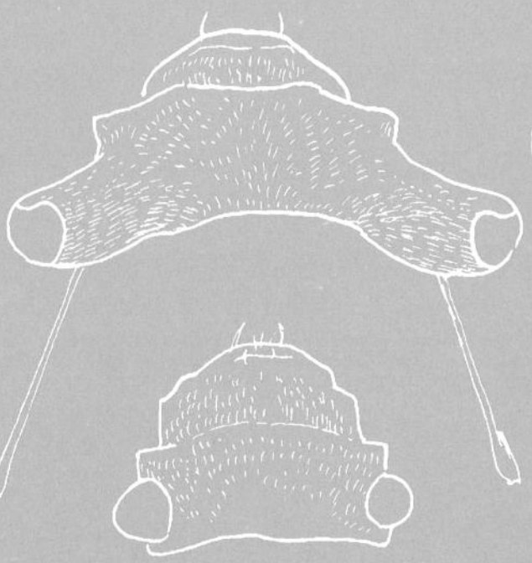
牛面虫
（上雄、下雌）

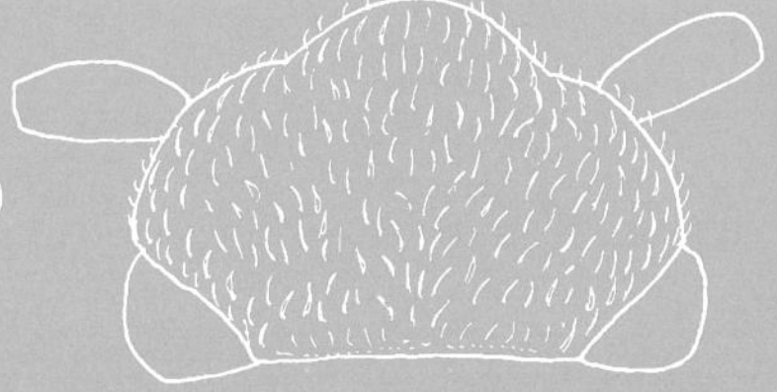
锈樵虫

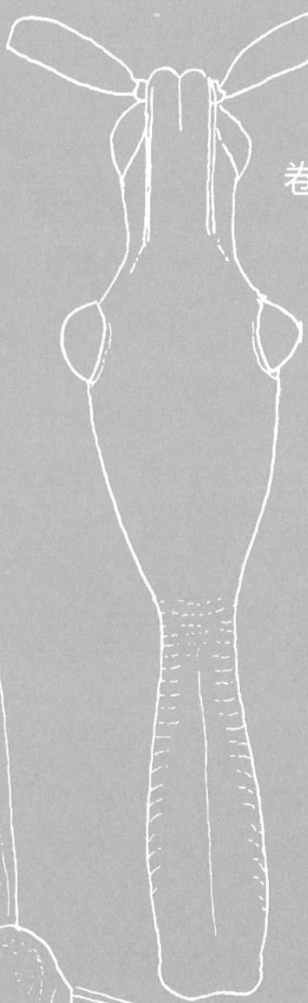
卷叶象鼻虫（红色）

凸星花金龟

红胸粪金虫

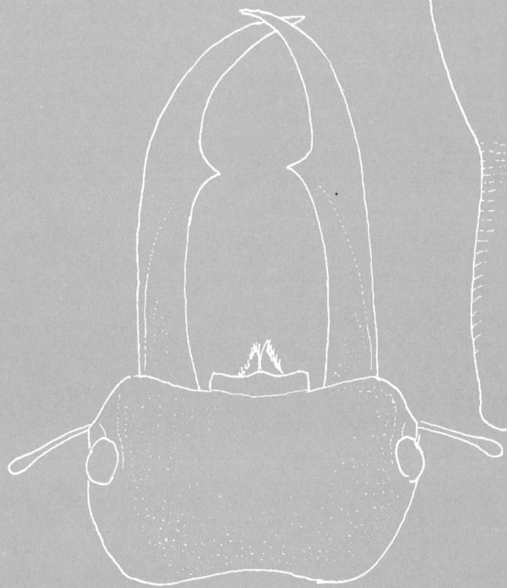
小锹形虫（雌）

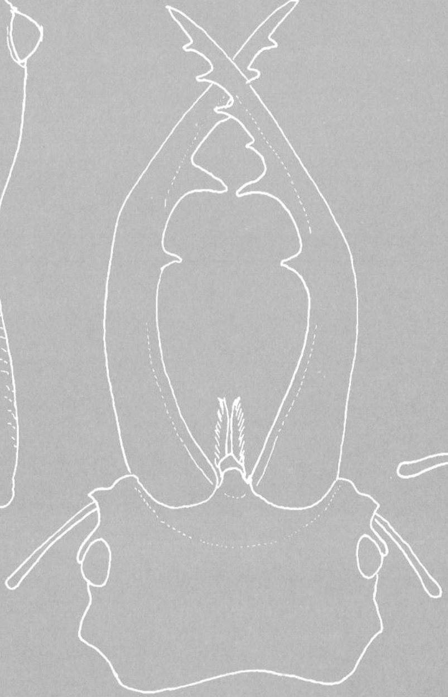
日本锯锹甲

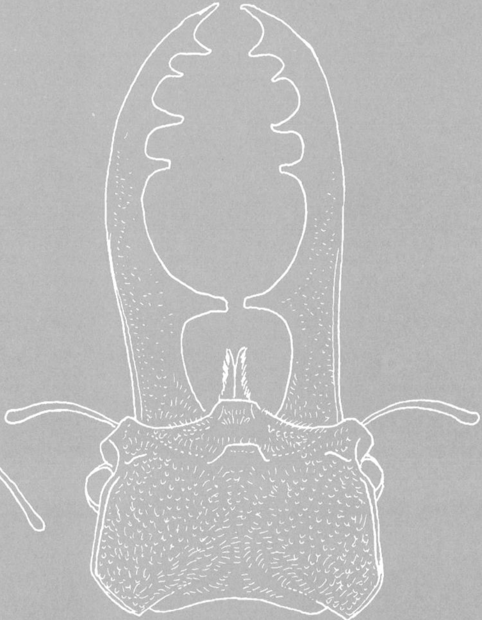
斑股锹甲

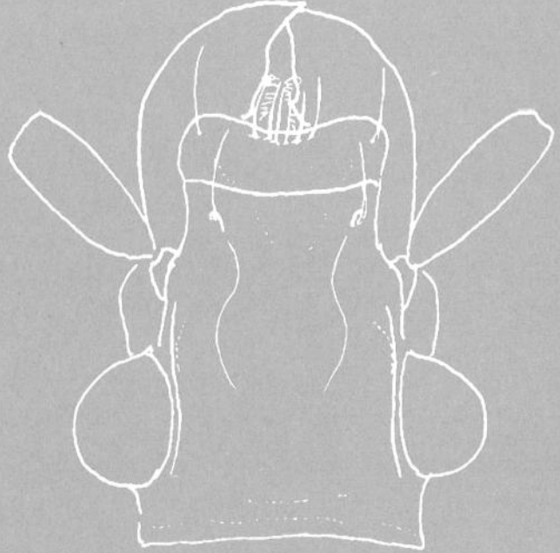
江崎步行虫

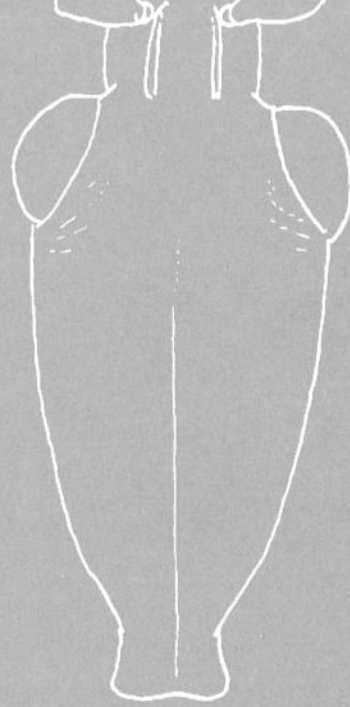
齿带卷叶象

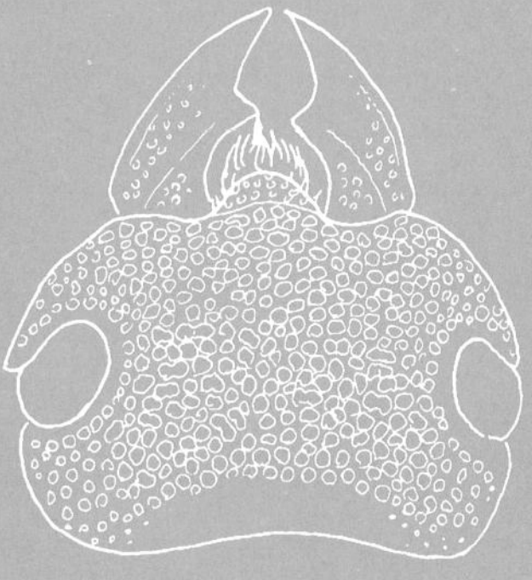
小锹形虫（雌）

绿艳卷叶象鼻虫

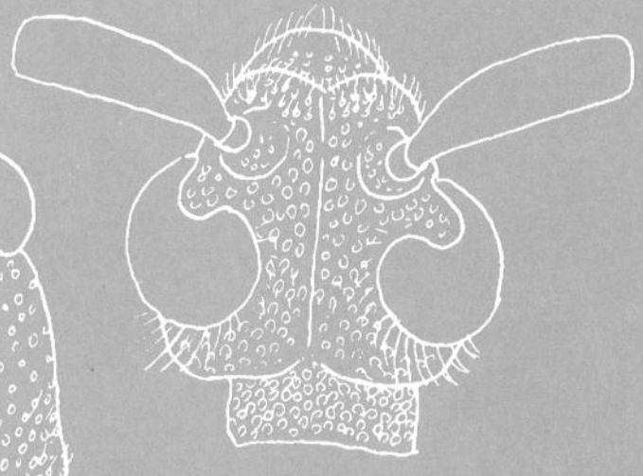
黑角亚花天牛

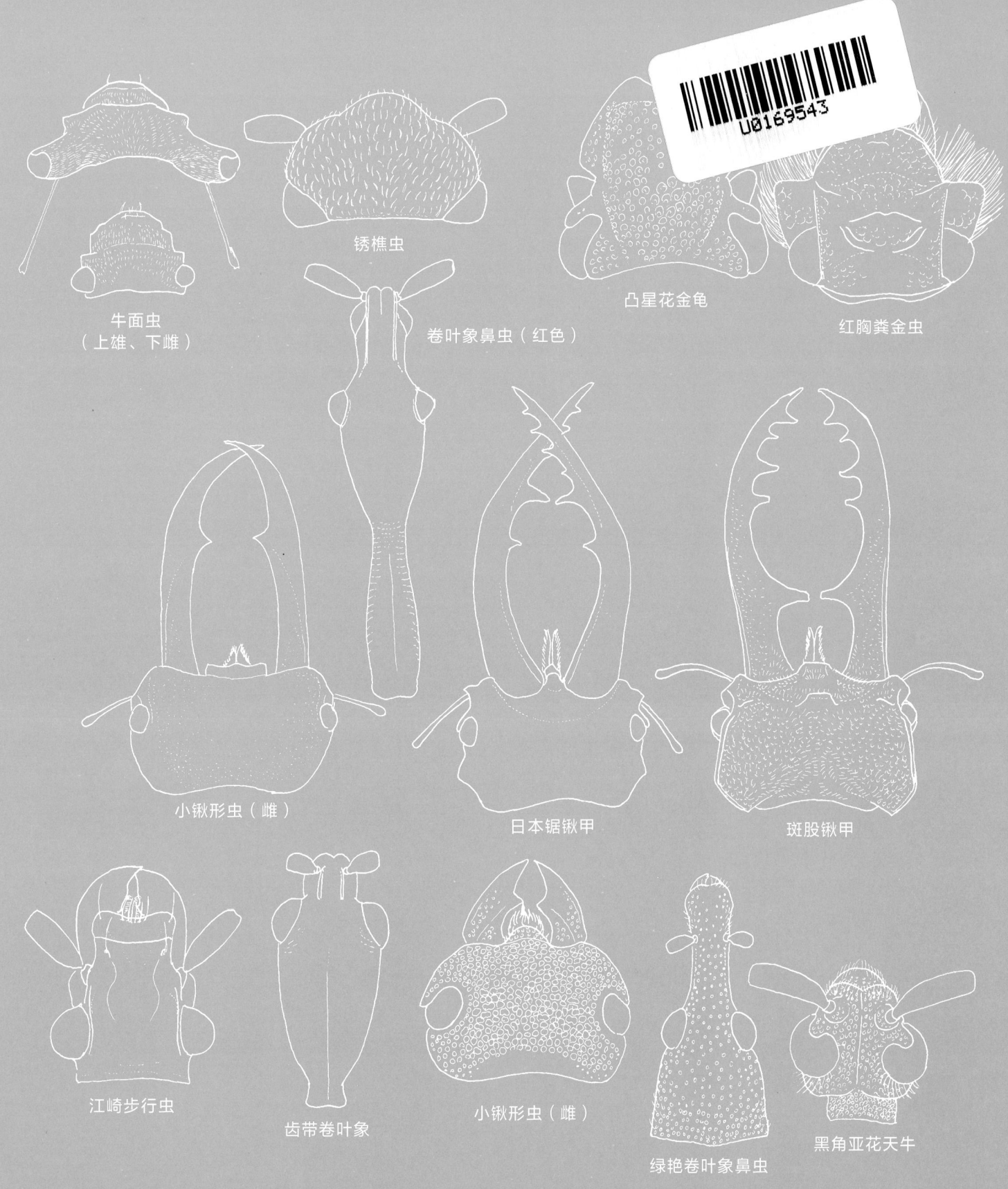

浪花朵朵

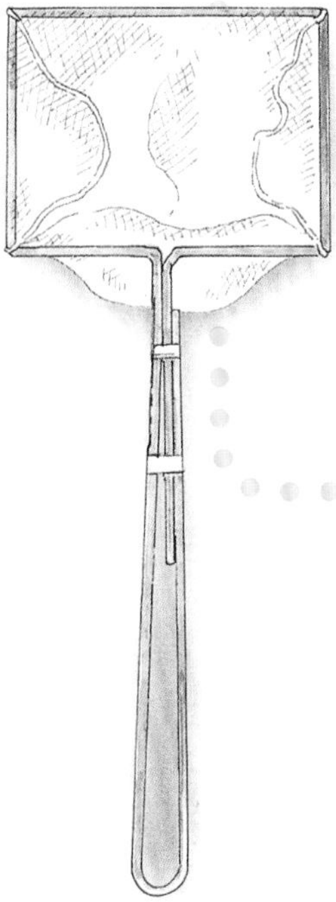

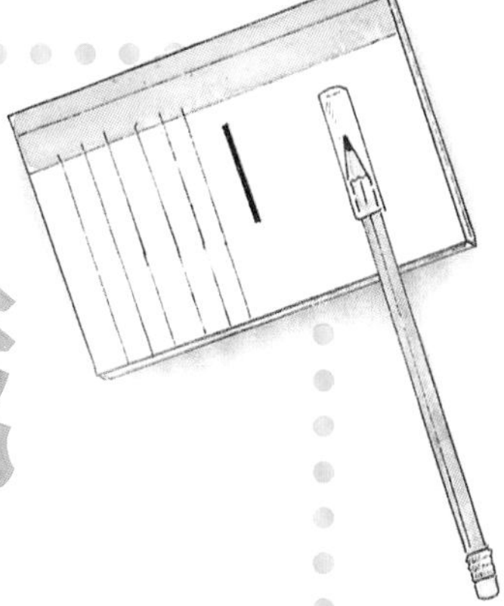

我的收藏

寻找大自然的宝藏

[日] 盛口满 文·图　　浪花朵朵童书 编译

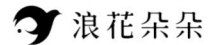

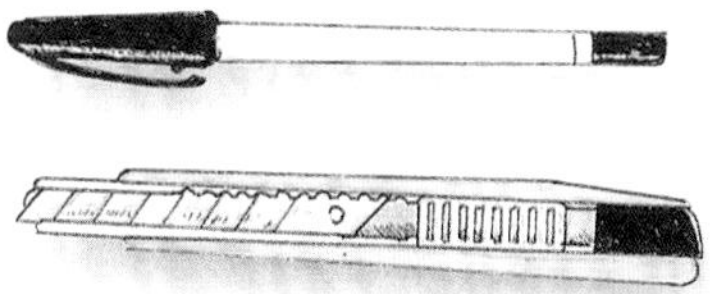

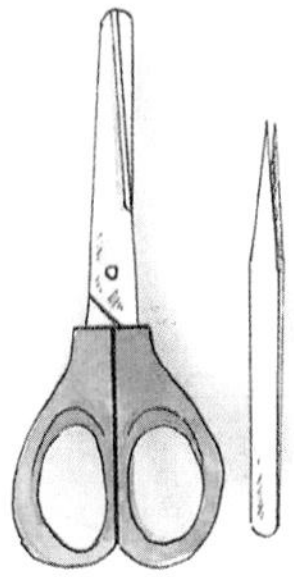

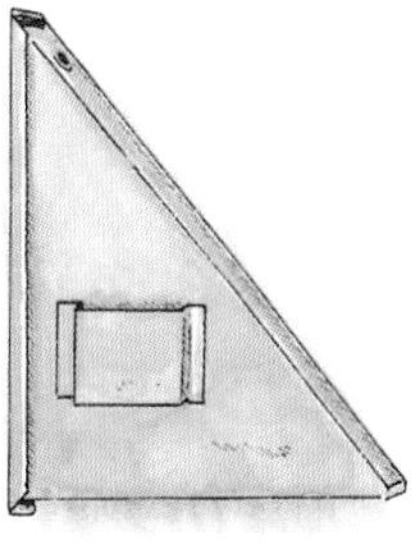

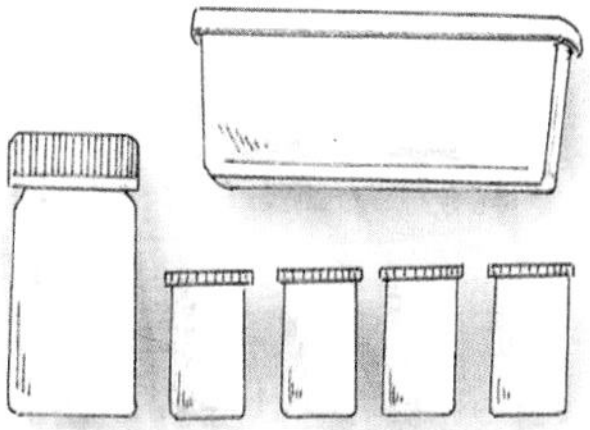

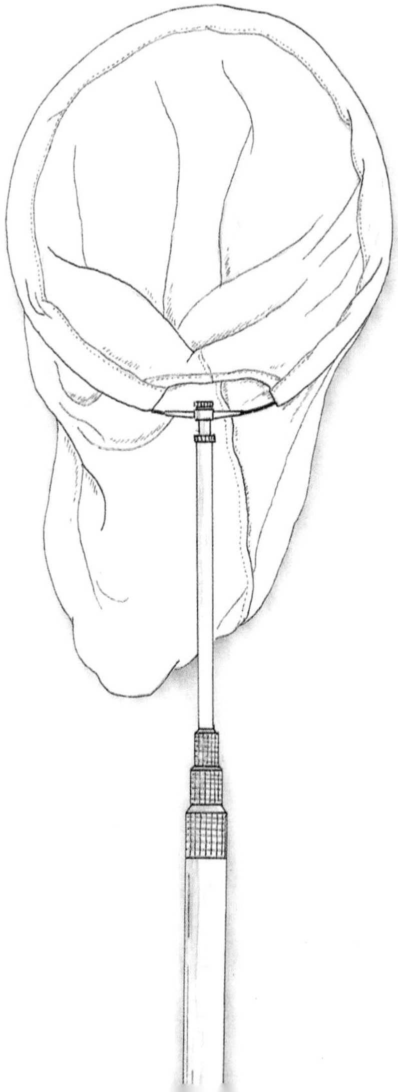

北京联合出版公司
Beijing United Publishing Co.,Ltd.

目录

春

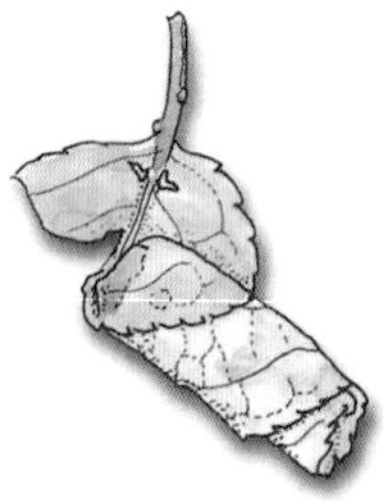

夏

秋

冬

春

春暖花开，昆虫在春光中苏醒过来。想要捕捉春天的气息，那就到大自然中去吧！

春天的水田

走进大自然，去寻找大自然馈赠给我们的礼物吧。水田、麦田、杂木林，它们都为我们准备了丰厚的礼物。

先去水田间或小河边看看吧！我们能从这些地方找到什么宝贝呢？拭目以待吧！

水田里的花草图鉴

春天，美丽的花朵把田野装扮得格外美丽。
你能找到紫云英的花朵吗？

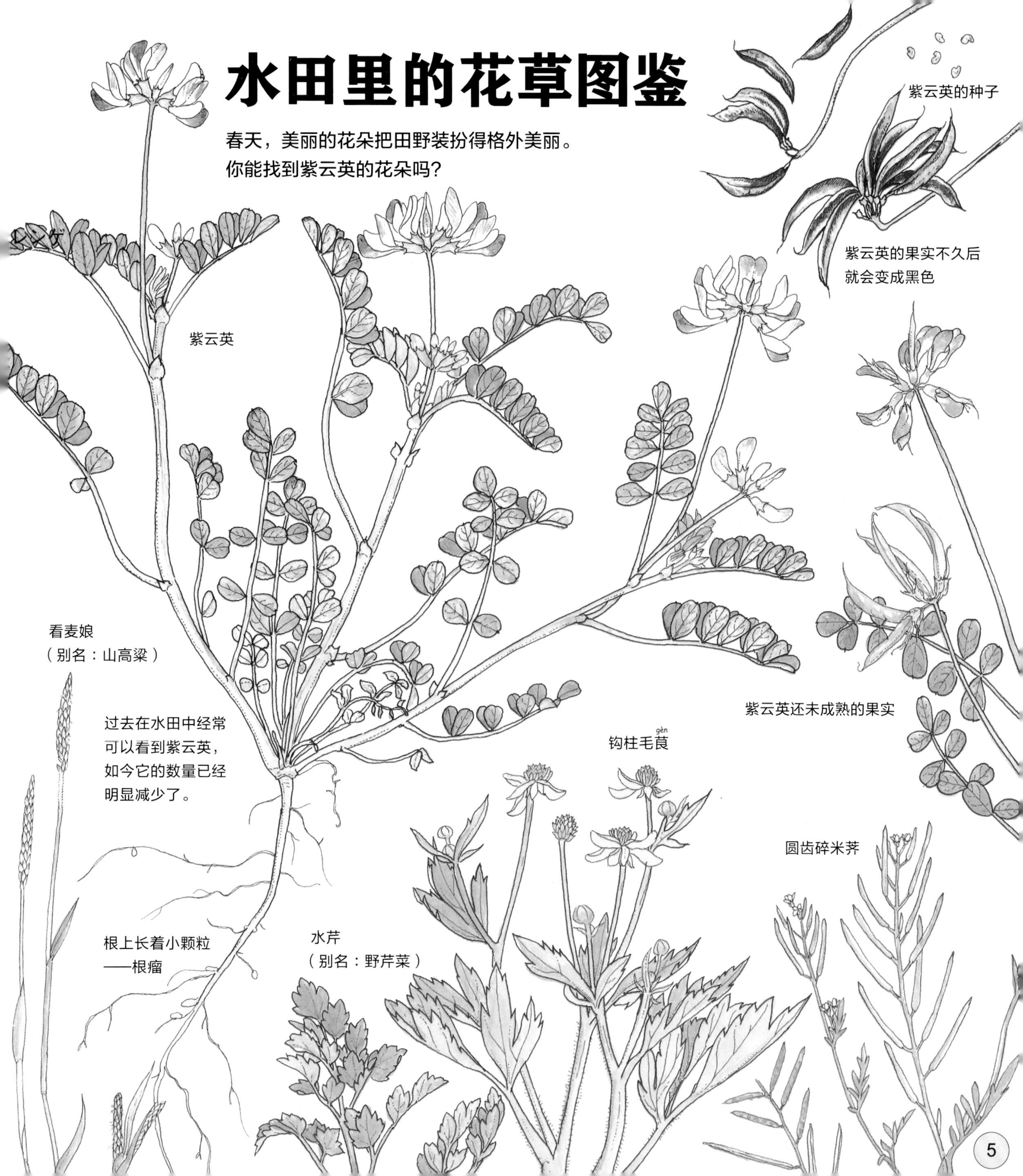

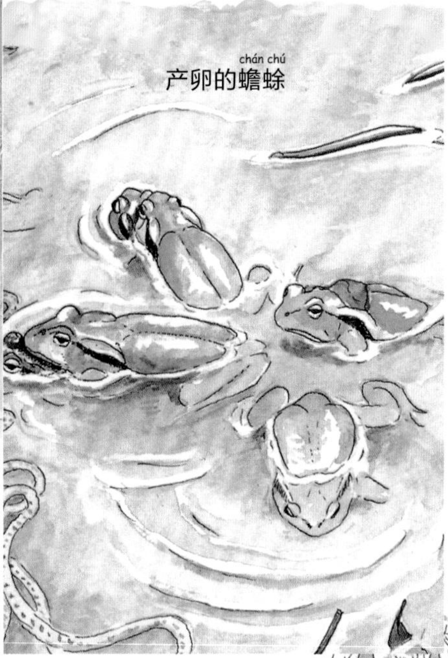
产卵的蟾蜍

谷户田的“居民”

在日本，被树林所包围的、沿着小河而开垦的水田就是所谓的“谷户田”。春天的谷户田里，青蛙和鲵鱼来产卵了。

东京小鲵

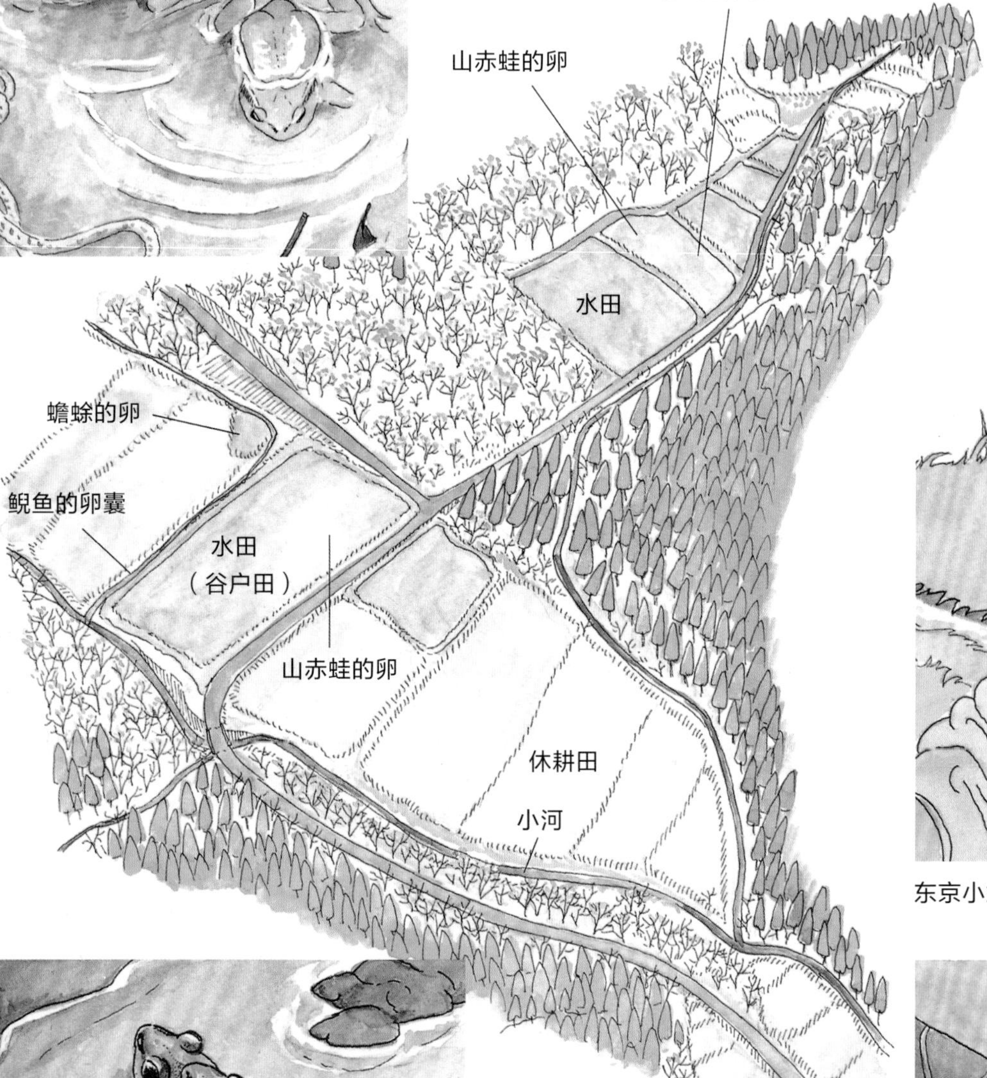

谷户田地图

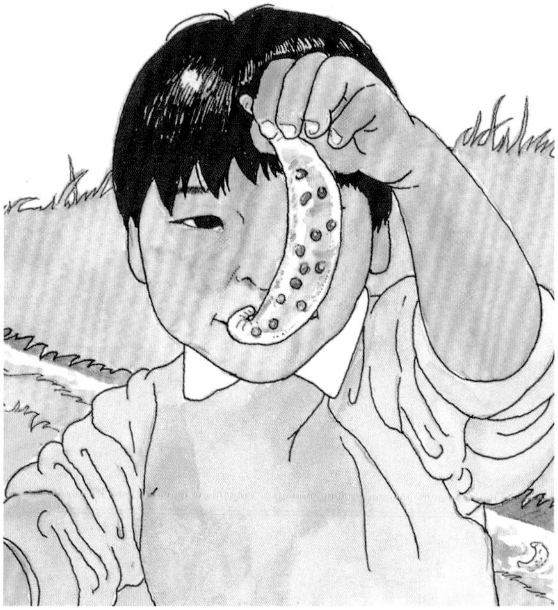
东京小鲵的卵囊

正在交配的山赤蛙

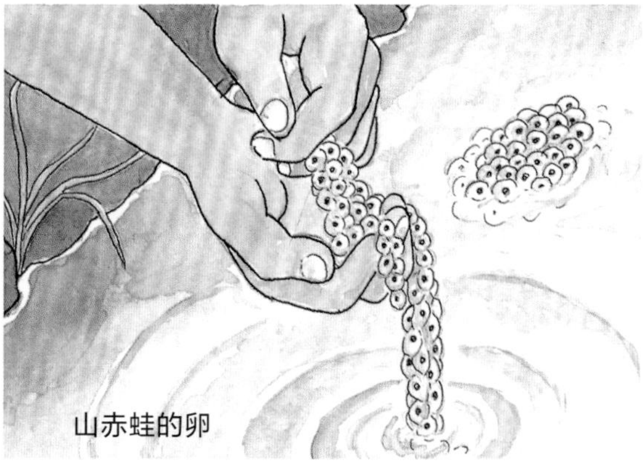
山赤蛙的卵

我的迷你水族箱

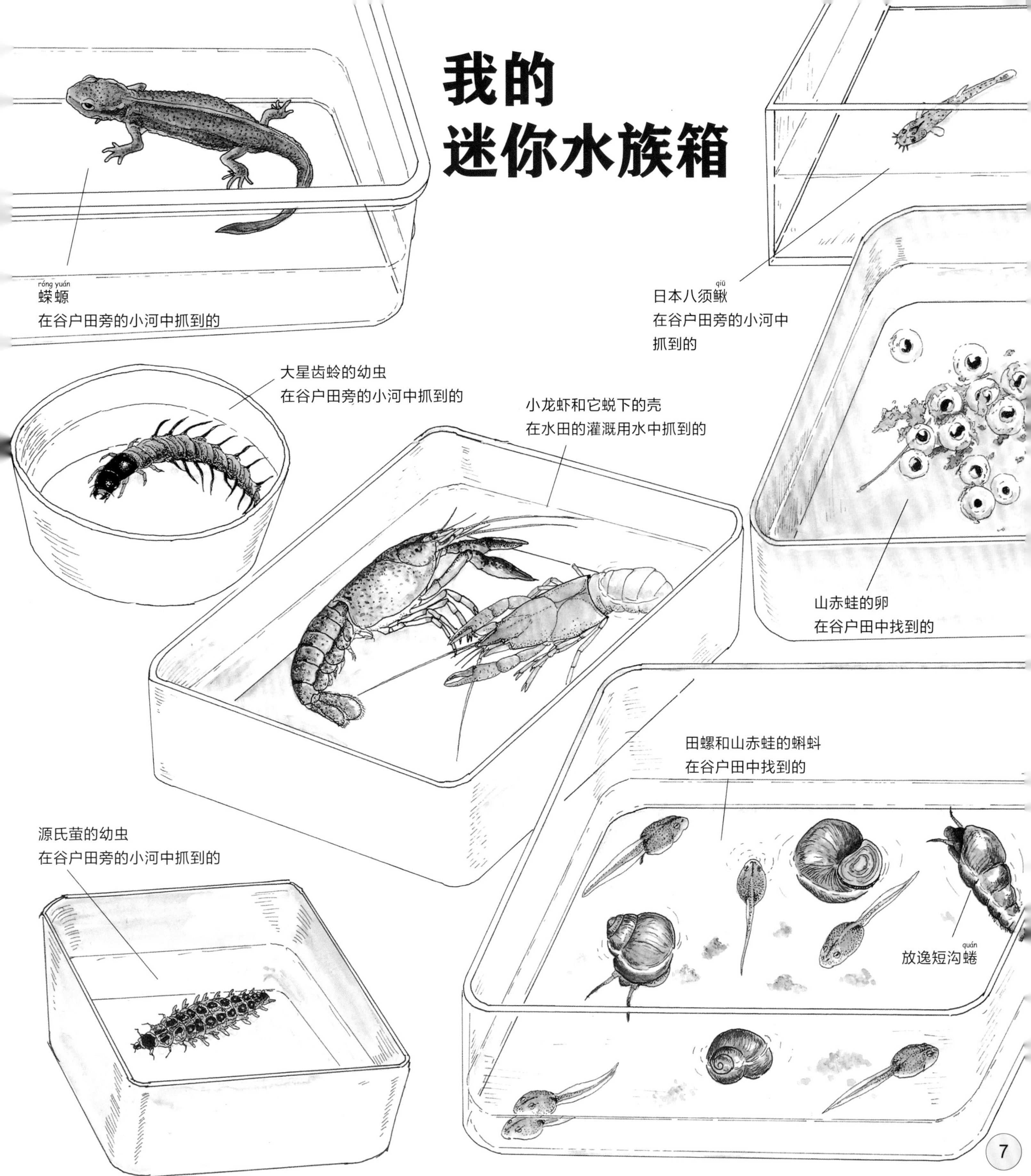
蝾螈
在谷户田旁的小河中抓到的
日本八须鳅
在谷户田旁的小河中抓到的
大星齿蛉的幼虫
在谷户田旁的小河中抓到的
小龙虾和它蜕下的壳
在水田的灌溉用水中抓到的
山赤蛙的卵
在谷户田中找到的
田螺和山赤蛙的蝌蚪
在谷户田中找到的
源氏萤的幼虫
在谷户田旁的小河中抓到的
放逸短沟蜷

春天寻虫记

春天，我们去找一找，看看哪里有昆虫！叶子上有没有？地上有没有？其实很多地方都可以找到昆虫！

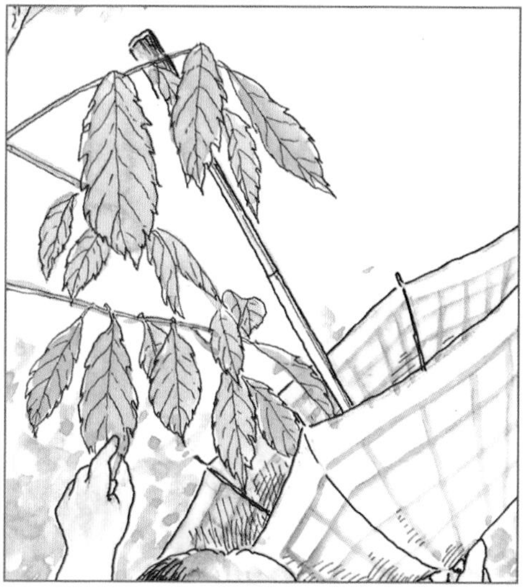

摇摇树枝，昆虫会落在张开的雨伞里。

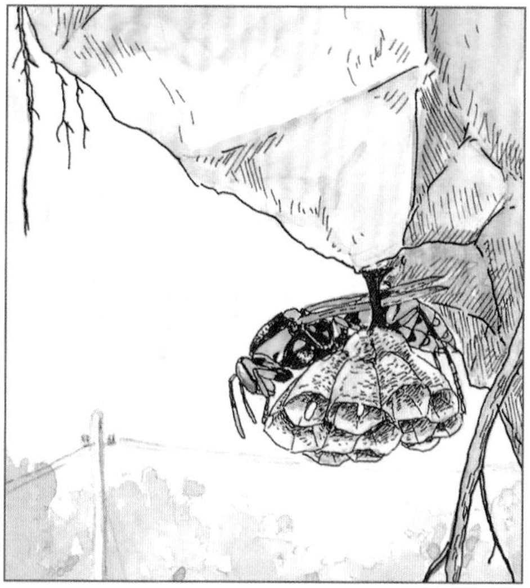

在筑巢的约马蜂

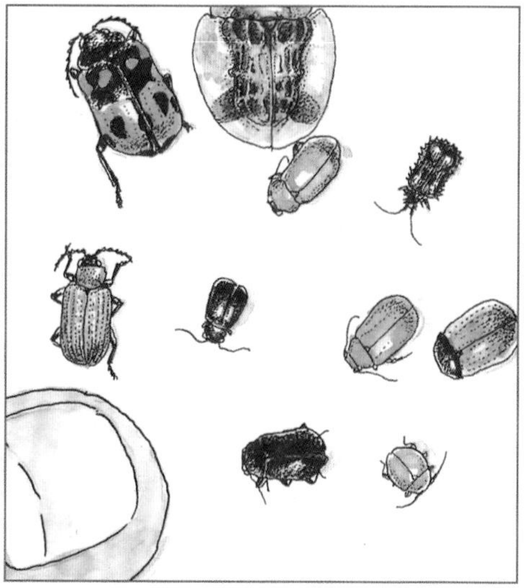

各种各样的叶甲

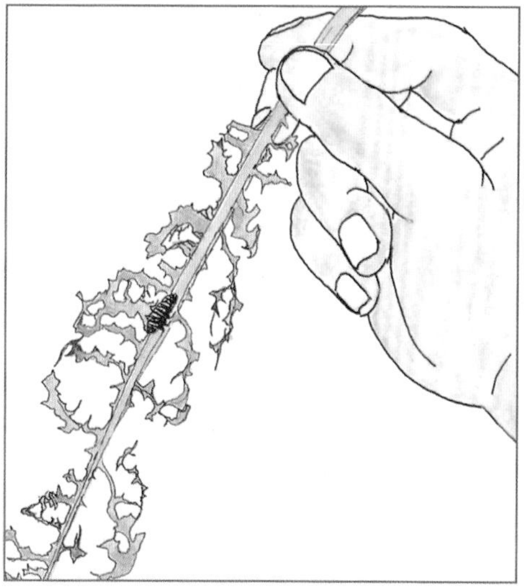

叶甲的幼虫把羊蹄草咬成了这副模样。

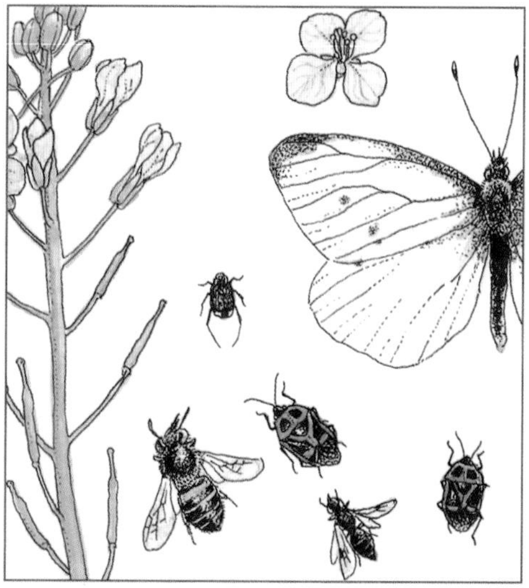

被油菜花吸引来的昆虫

被白萝卜花引来的小青花金龟

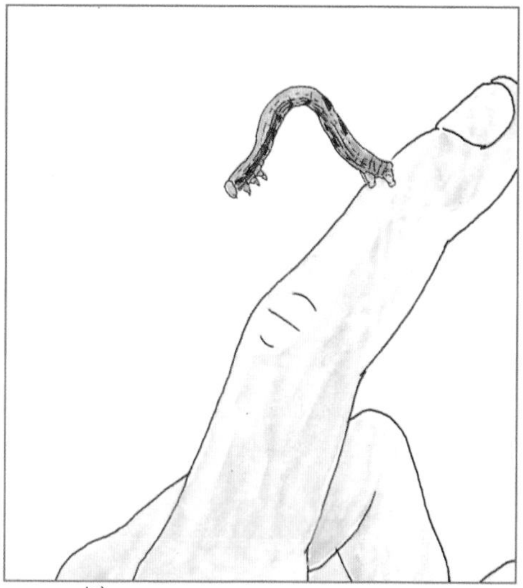

某种尺蠖（huò）的同类

春天的蝴蝶

被蒲公英引来的酢(cù)浆灰蝶

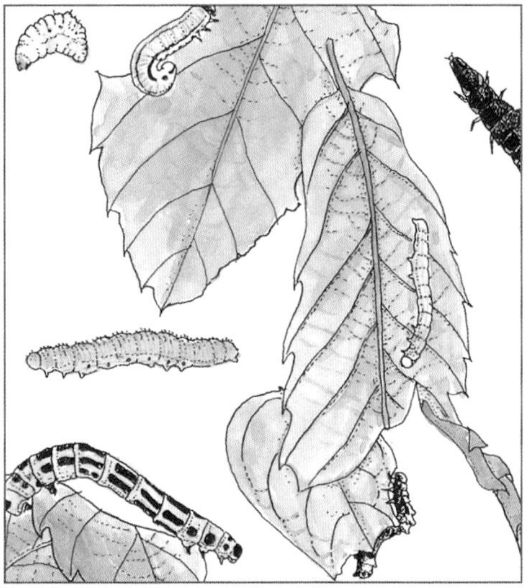
各式各样的幼虫

在地上散步的小黑步甲江崎亚种

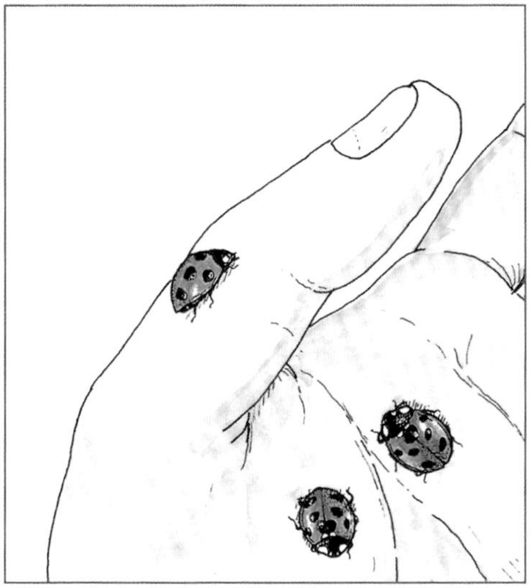
七星瓢虫

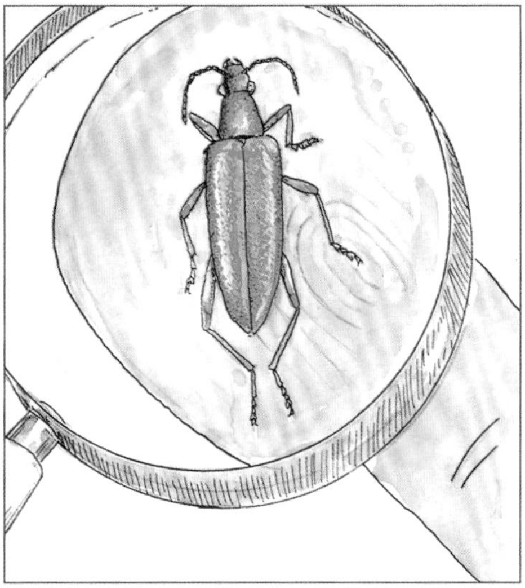
长腿水叶甲

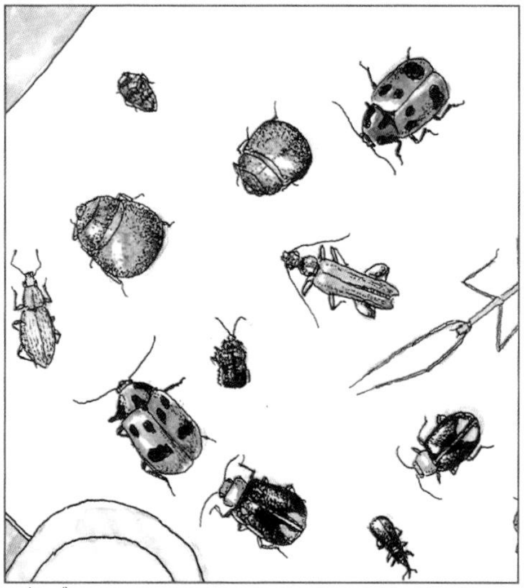
在枹栎(bāo lì)的叶子上发现的昆虫

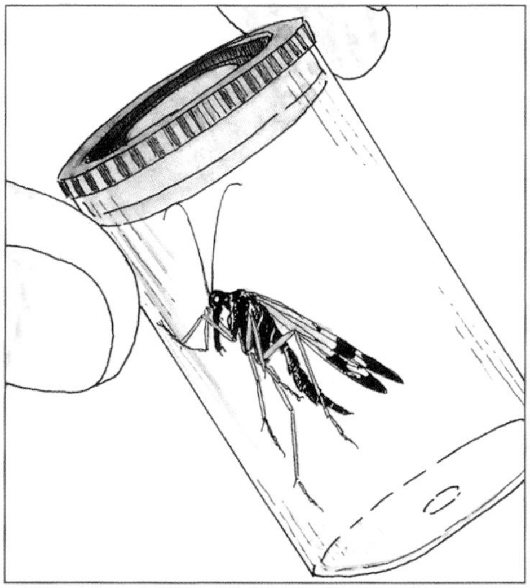
蝎蛉

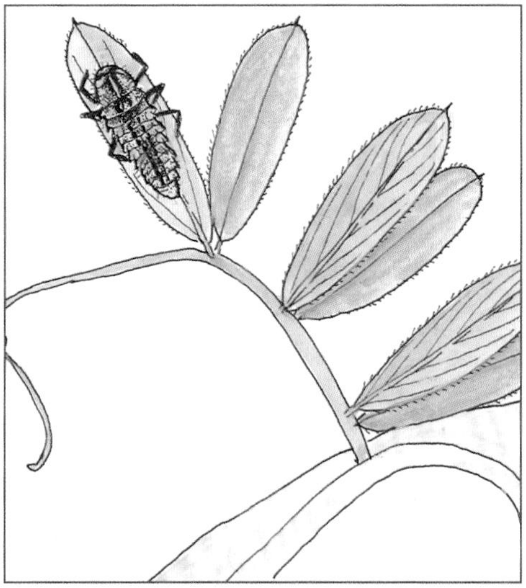
救荒野豌豆叶上的七星瓢虫的幼虫

救荒野豌豆

白蝴蝶、黄蝴蝶

春天的草地上，白色的蝴蝶翩翩起舞。它们是菜粉蝶吗？
当然不全是！这些自由飞舞的白蝴蝶可不都是菜粉蝶。

被产在
花椒树上的
凤蝶的卵

柑橘凤蝶的卵

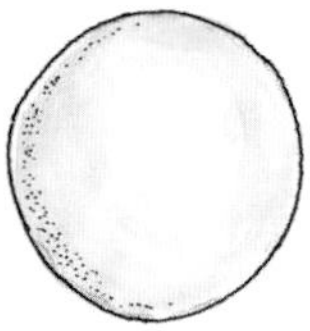

即将孵化的卵

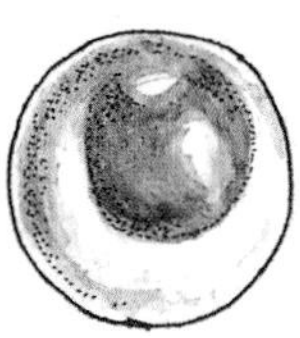

刚刚孵化出的幼虫

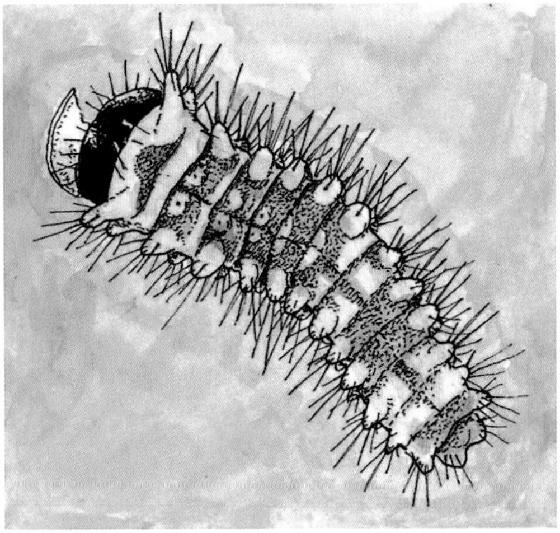

柑橘凤蝶
还很小的幼虫，看起来很像鸟粪。

发育充分的幼虫

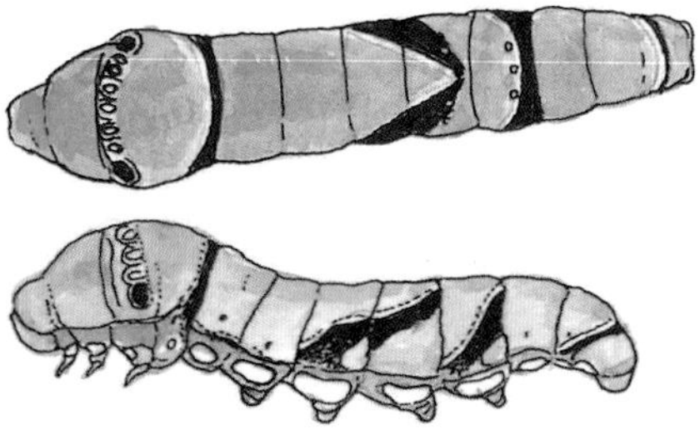

蛹

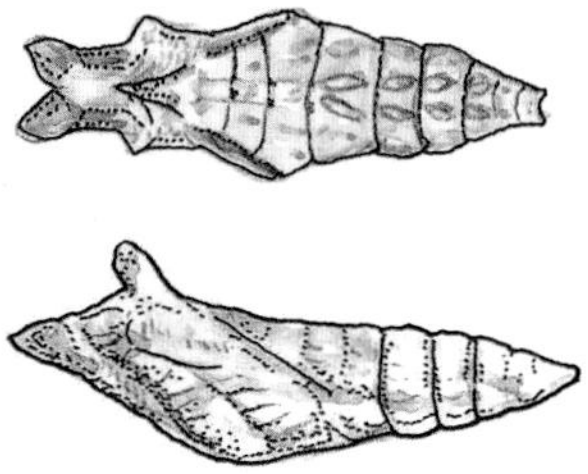

菜粉蝶的幼虫正在吃卷心菜叶。

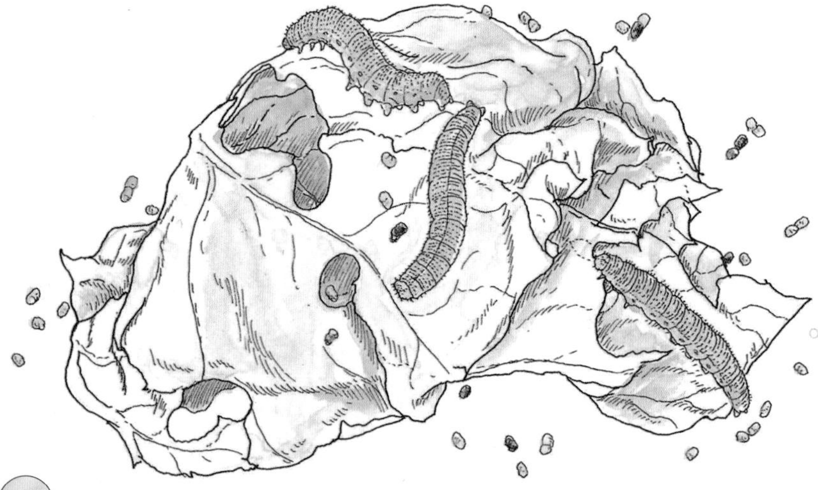

冰清绢蝶的幼虫吃紫堇的叶子。

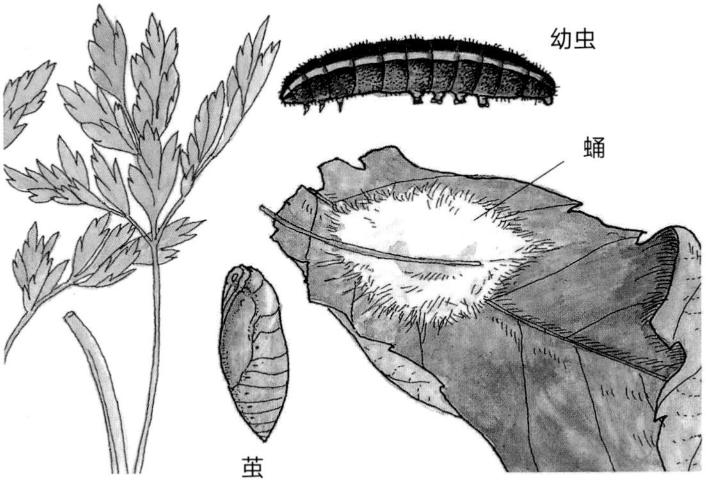

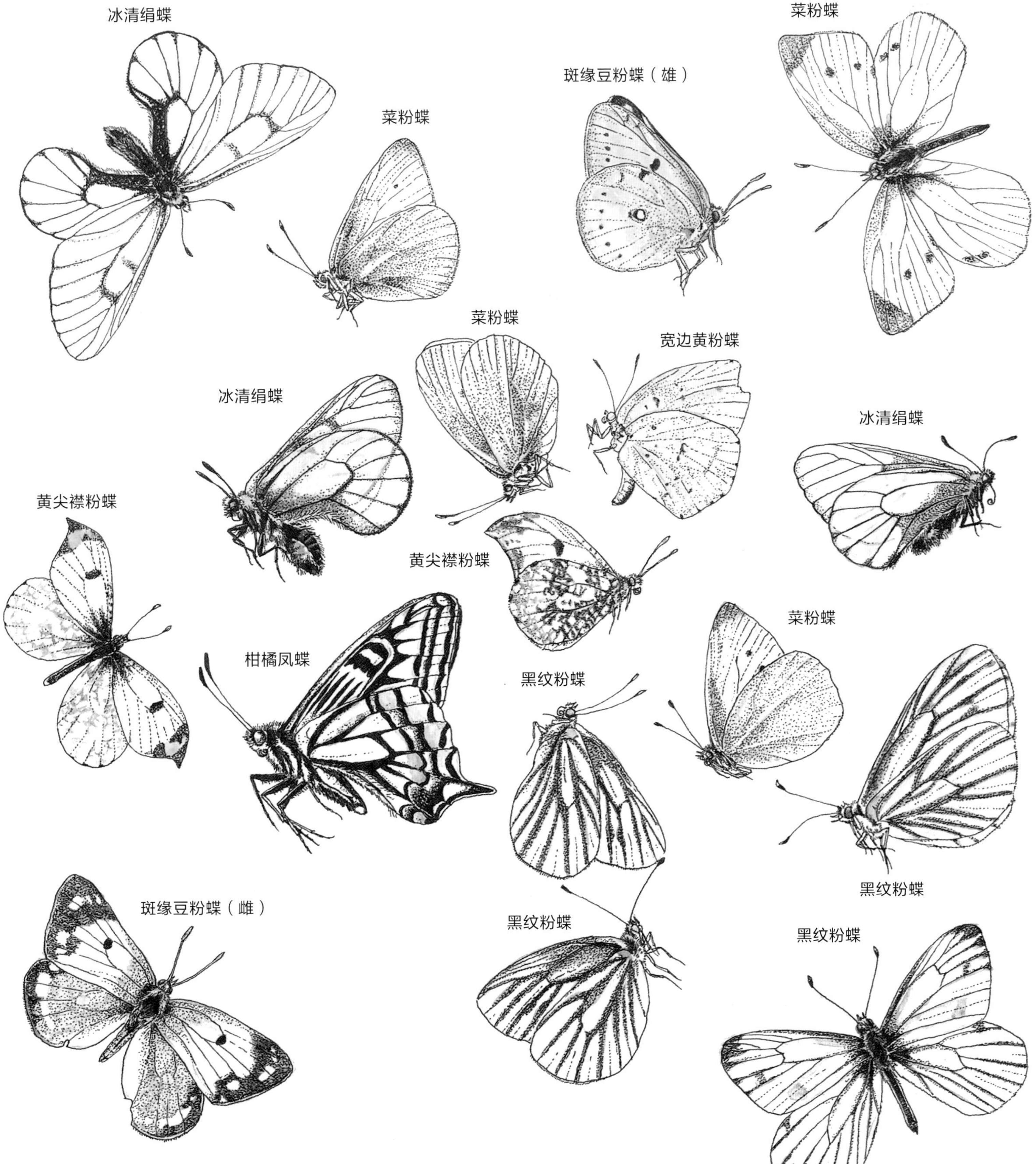
冰清绢蝶
菜粉蝶
斑缘豆粉蝶（雄）
菜粉蝶
菜粉蝶
宽边黄粉蝶
冰清绢蝶
冰清绢蝶
黄尖襟粉蝶
黄尖襟粉蝶
菜粉蝶
柑橘凤蝶
黑纹粉蝶
黑纹粉蝶
斑缘豆粉蝶（雌）
黑纹粉蝶
黑纹粉蝶

卷叶象鼻虫寄来的“书信”

走在树林中，你会发现有一些树叶是卷起来的，就像是古代卷起来的书信一样。奇怪，这是怎么回事？原来是卷叶象鼻虫这个小坏蛋干出的勾当！
它是怎样把树叶卷起来的呢？这可要仔细研究一下了！

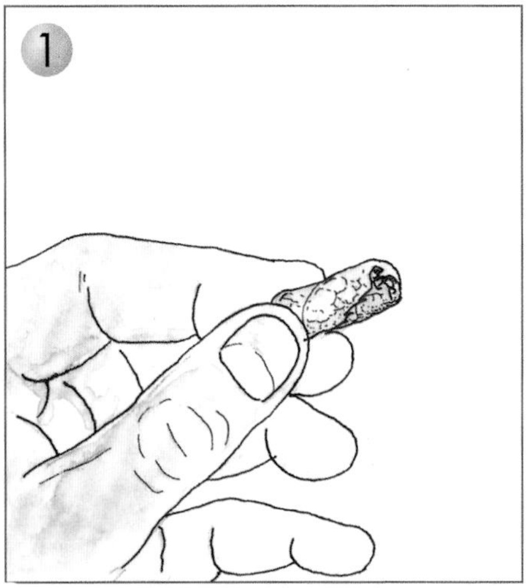

在林荫道上捡到了“树叶卷”

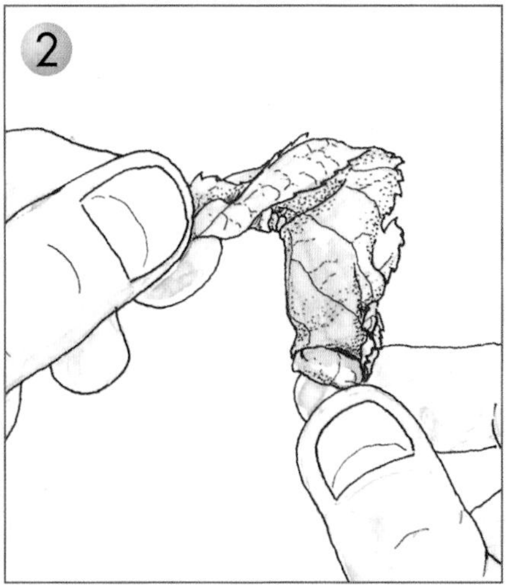

打开来瞧瞧……

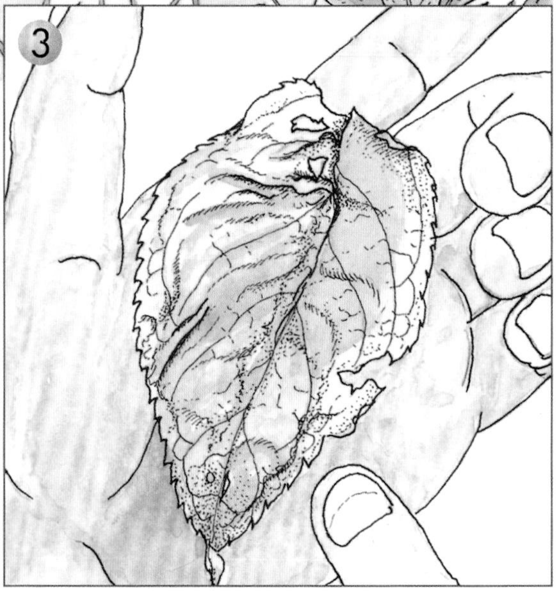

有卷叶象鼻虫的卵（齿带卷叶象的卵）

去栗树林里瞧瞧

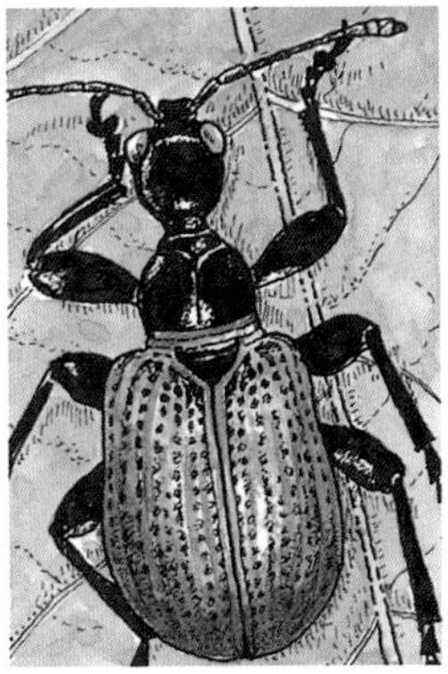
发现了栗卷象

卷叶象鼻虫家族的成员们可以将不同种类的叶子卷起来，然后在里面产卵，幼虫们就吃着这片卷起来的树叶渐渐长大。由于它们卷出的“树叶卷”（也可以叫摇篮）很像过去人们写的那种卷起来的书信，所以在日语中，卷叶象鼻虫和“匿名信”用同一个单词表示。当然，不同种类的卷叶象鼻虫处理“摇篮”的办法也不同——有些卷叶象鼻虫不会把“摇篮”从树上咬下来，而是让它的“摇篮”继续挂在树上。

制作“摇篮”的方法

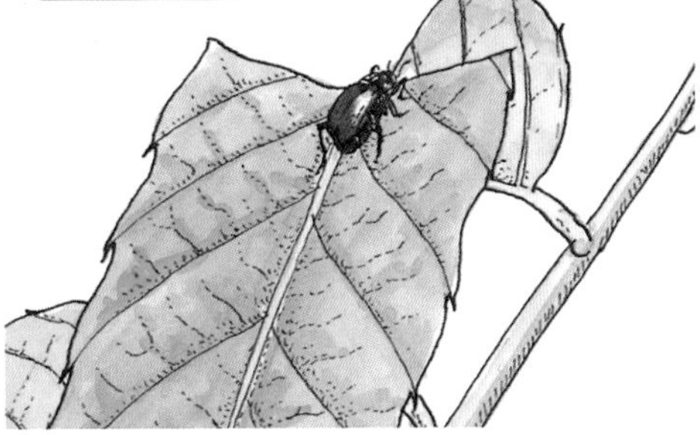
1 雌卷叶象鼻虫在叶片上咬出缺口

2 把垂下来的树叶对折

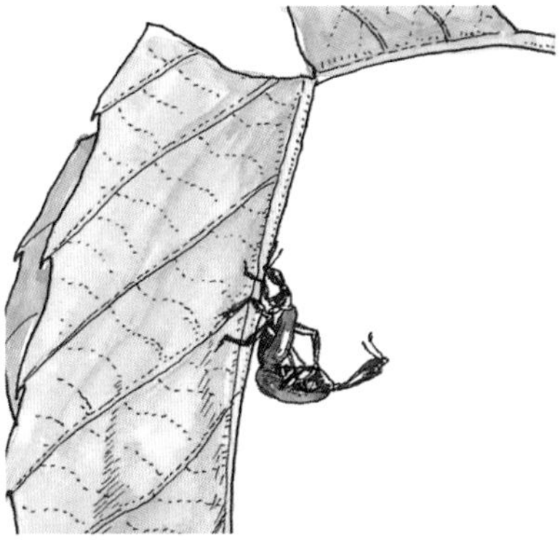
3 雄卷叶象鼻虫来这里交尾

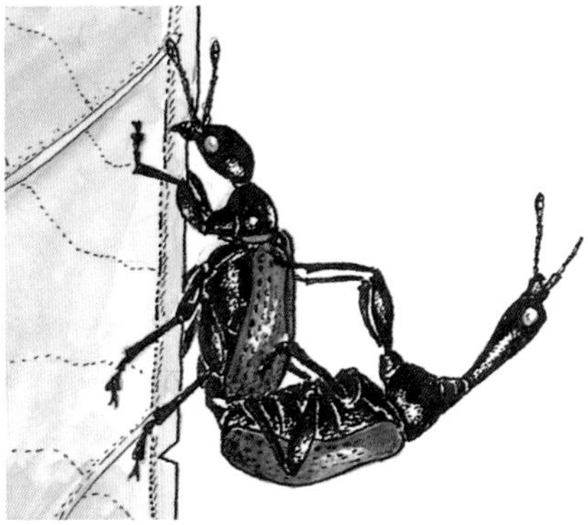
4 雌卷叶象鼻虫一边交尾一边继续做“摇篮”

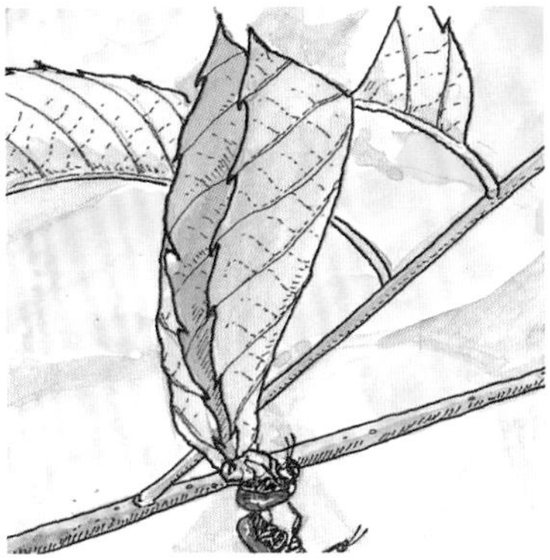
5 雌卷叶象鼻虫卷叶子的同时就在里面产卵了

6 把叶子一点点卷起来

7 从根部开始咬断这片叶子

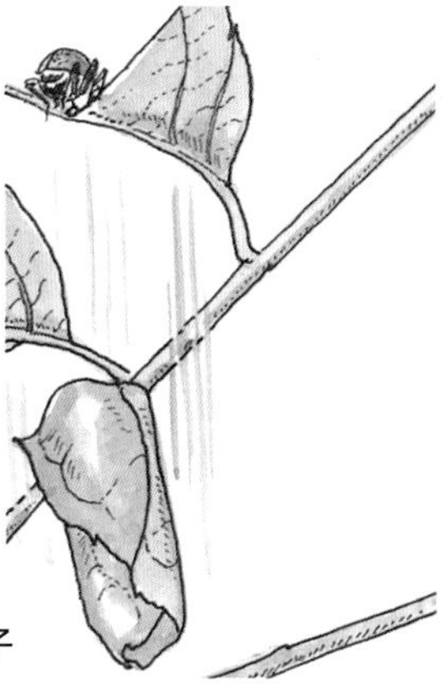
8 被咬掉的叶子落下来

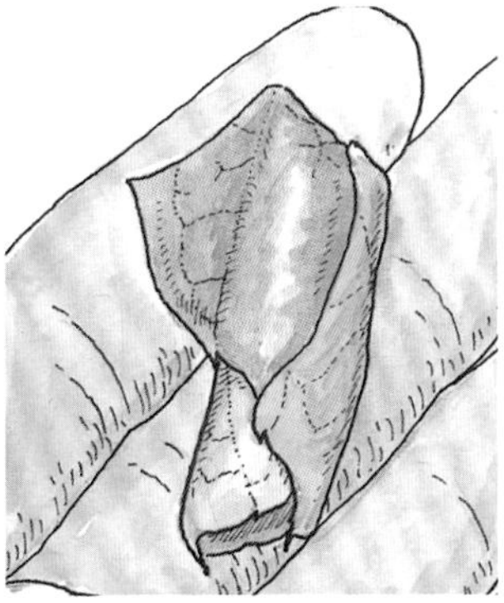
9 做好了的“摇篮”

从树上落下来的是谁？

图中的昆虫都属于卷叶象鼻虫家族，它们是昆虫中种类最多的一个家族，全世界已知的超过六万种。在这些卷叶象鼻虫里，有的颜色像闪闪发亮的宝石，有的头部非常长。不同种类的卷叶象鼻虫会把树叶卷成不同的形状吗？

用放大镜看到的各种卷叶象鼻虫

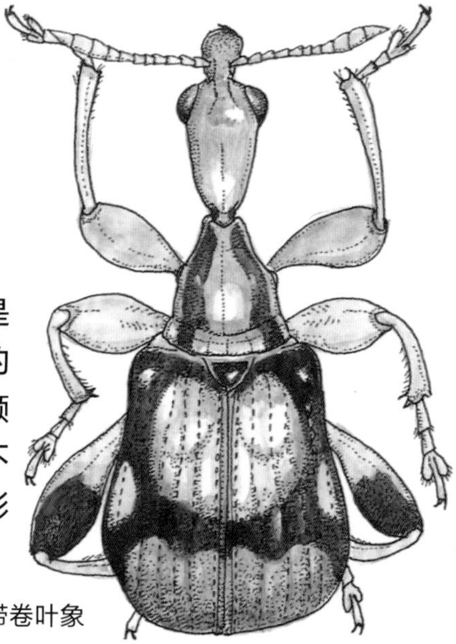
齿带卷叶象

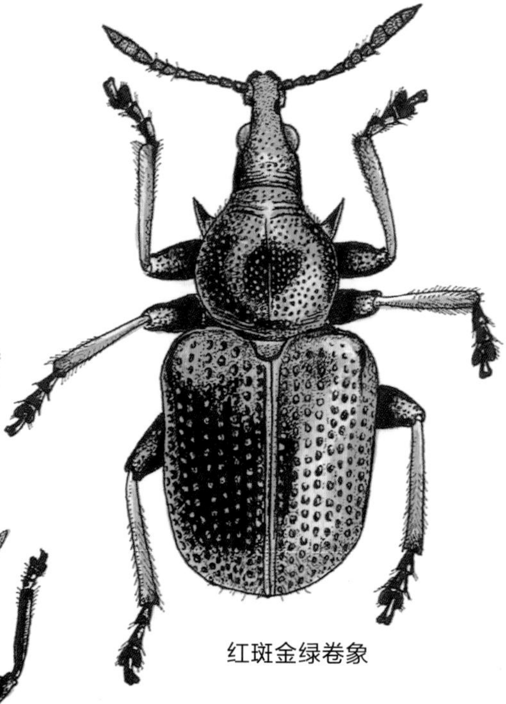
红斑金绿卷象

路氏须喙(huì)象

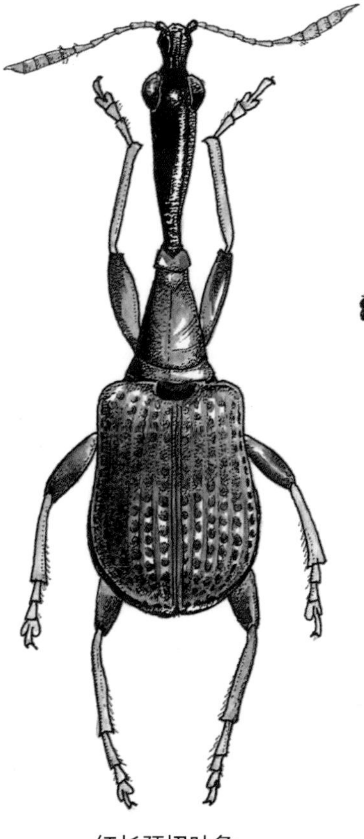
红长颈切叶象

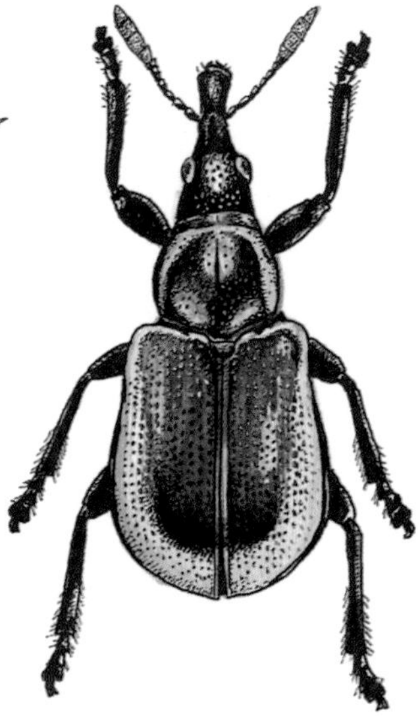
小赤金卷象

罗氏细颈象

灿烂狭额卷象

红腹卷象

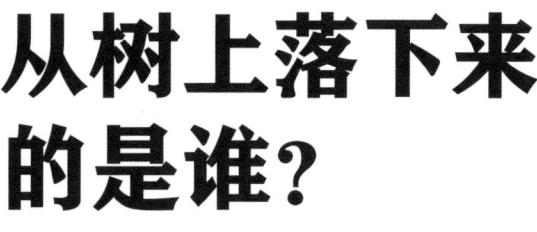

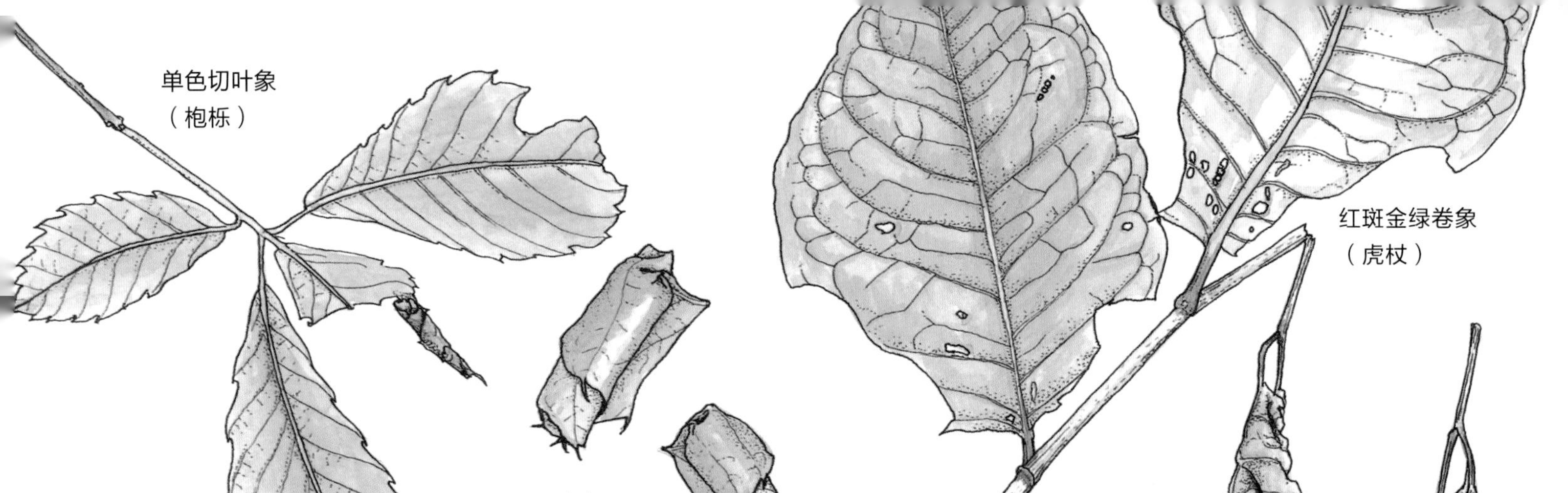

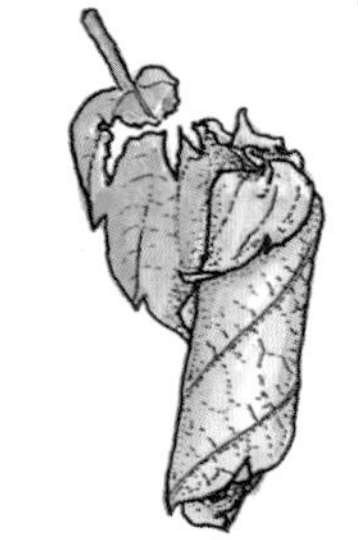

“摇篮”图鉴

图中是卷叶象鼻虫制作的各式各样的“摇篮”。不同种类的卷叶象鼻虫制作“摇篮”的树叶不同，制作方法也各式各样。

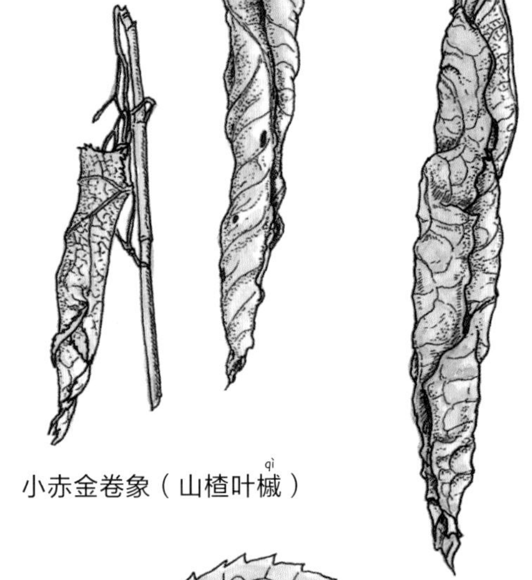

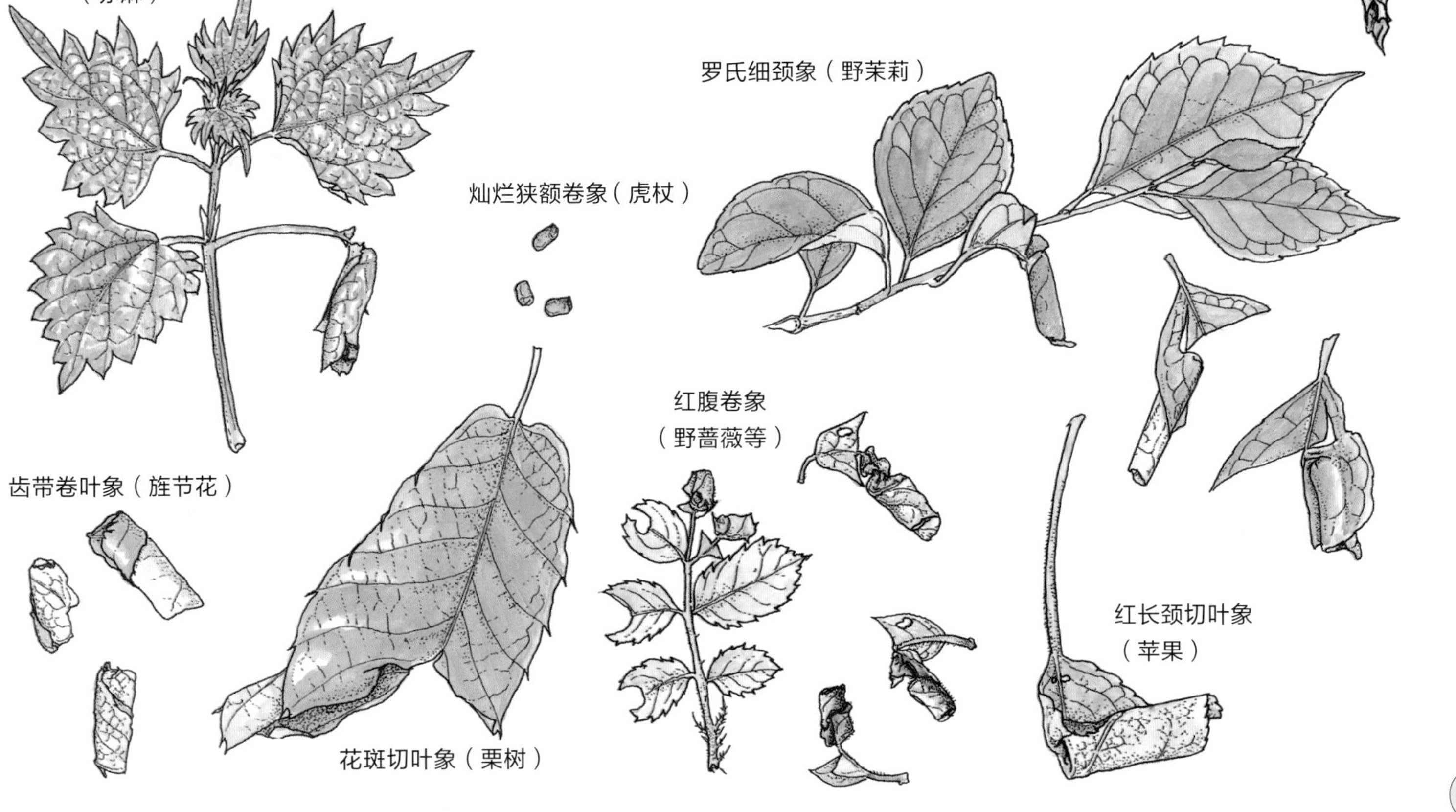

春天的橡实

为了在秋天结出橡实，壳斗科的树木们春天就要开始做准备了。春天，树木会开花，之后花会慢慢地发育成果实。

壳斗科的许多树木开出的花没有花瓣。早春时节，枹栎和麻栎的花朵绽放，春风会帮助它们传播花粉。

枹栎的花

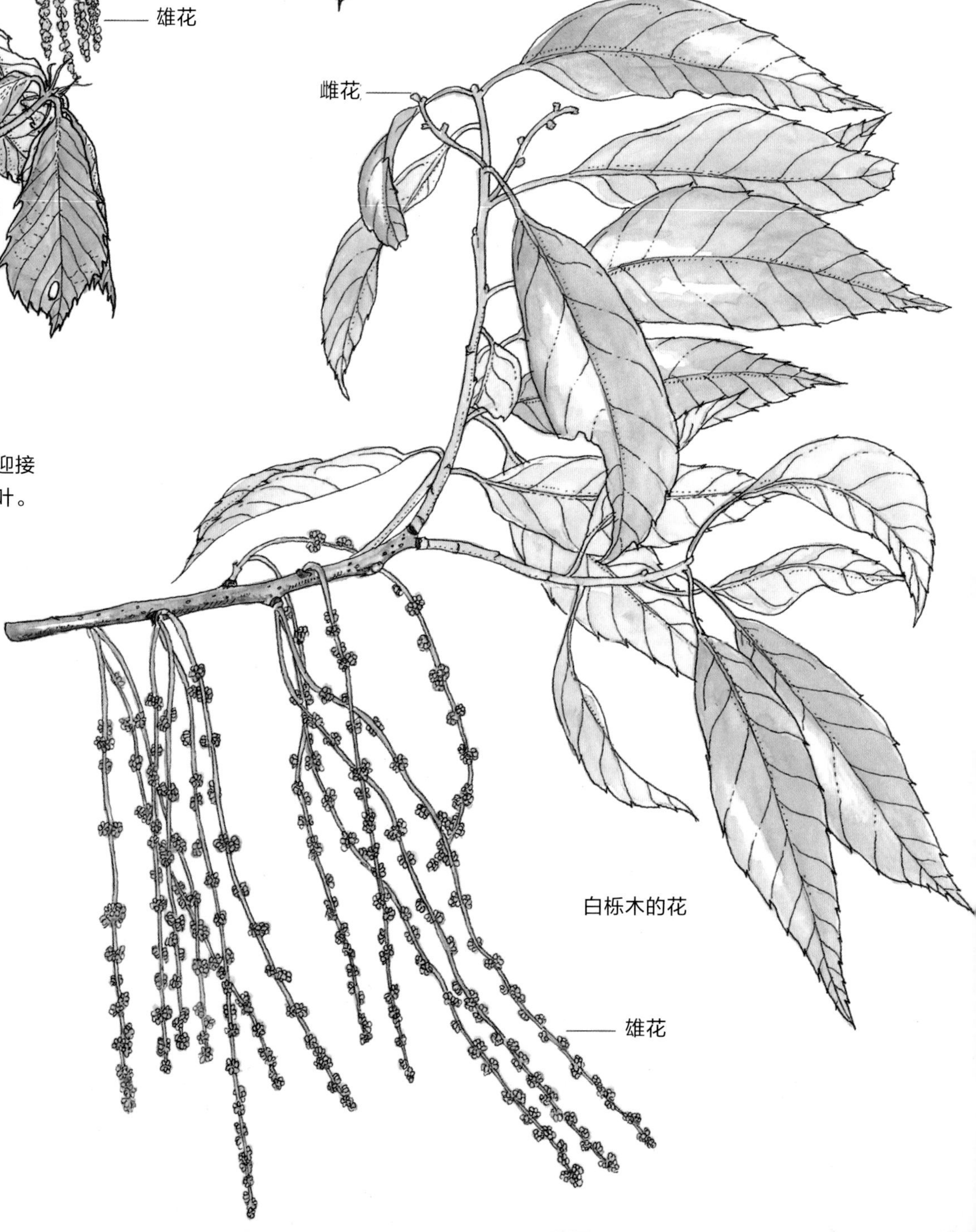

白栎木的花

去年秋天掉落在土里的橡实也在迎接春天的到来，它们开始发芽、长叶。

枹栎的嫩芽

麻栎的雌花

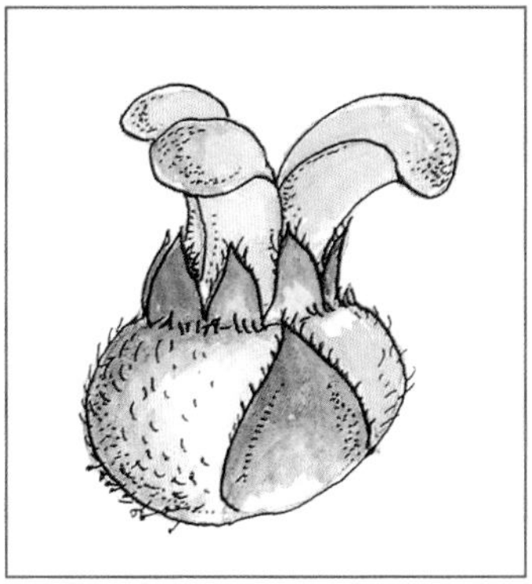

青冈的雌花

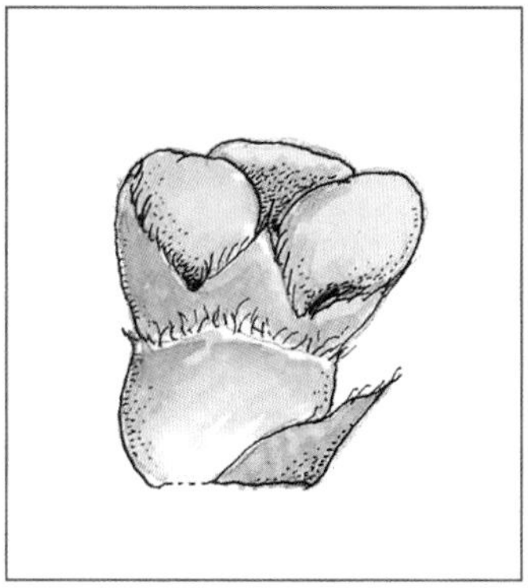

小叶青冈的雌花

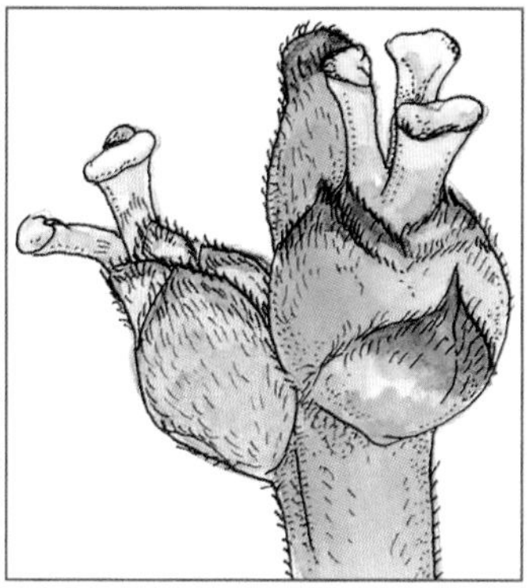

枹栎的雌花

青冈

反季节的果实？

栎叶瘿(yǐng)蜂会在枹栎树的芽上制造出虫瘿。打开虫瘿，里面是它们的幼虫。

麻栎

麻栎的花出现啦！麻栎可是春天最早开花的呢！

寻找春天的花朵

春天到了，我们出发去找寻黄色的花朵吧。啊？竟然还有蓝色的花朵！猜猜看，找到的花朵里哪种颜色的花最多呢？

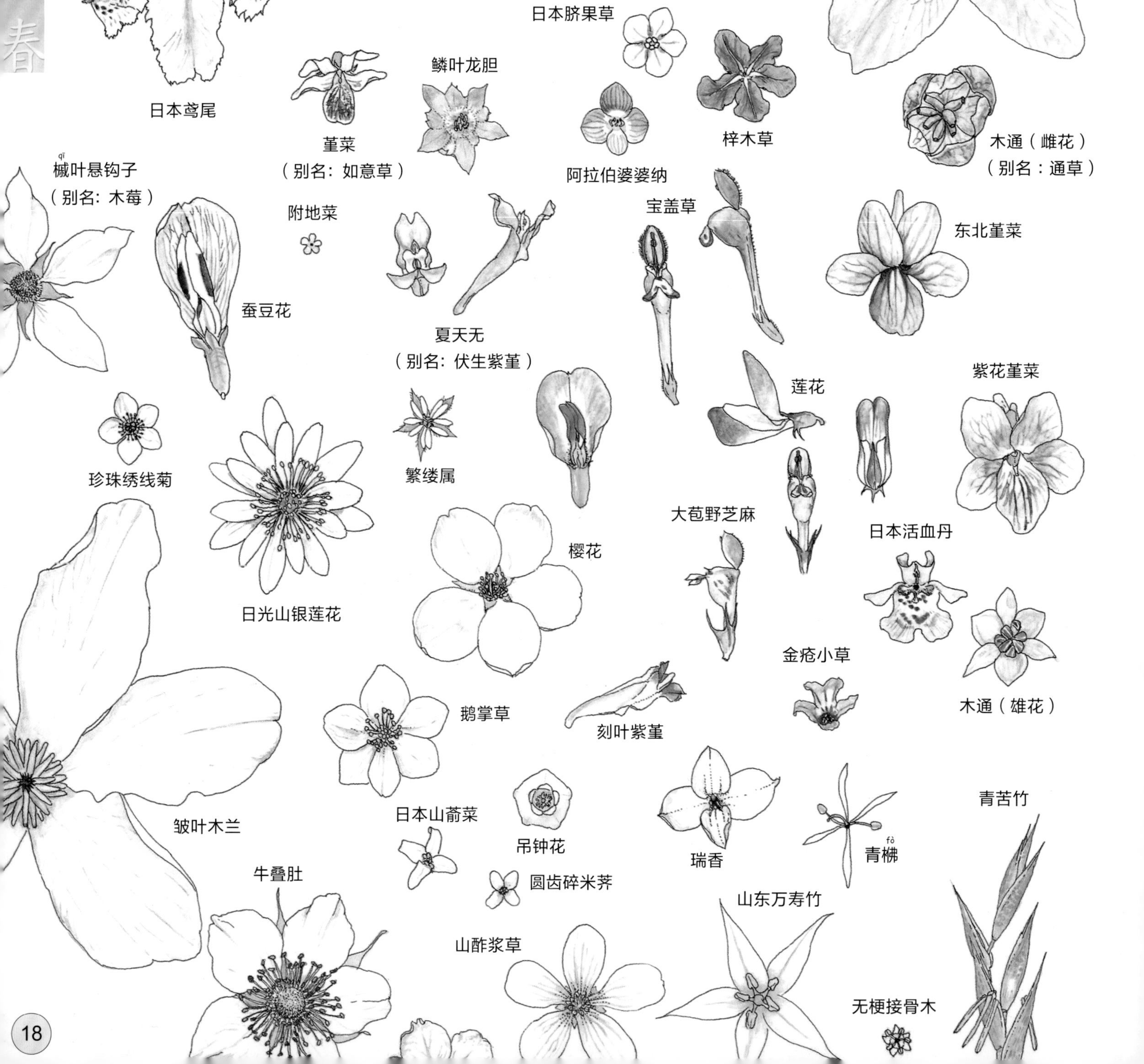

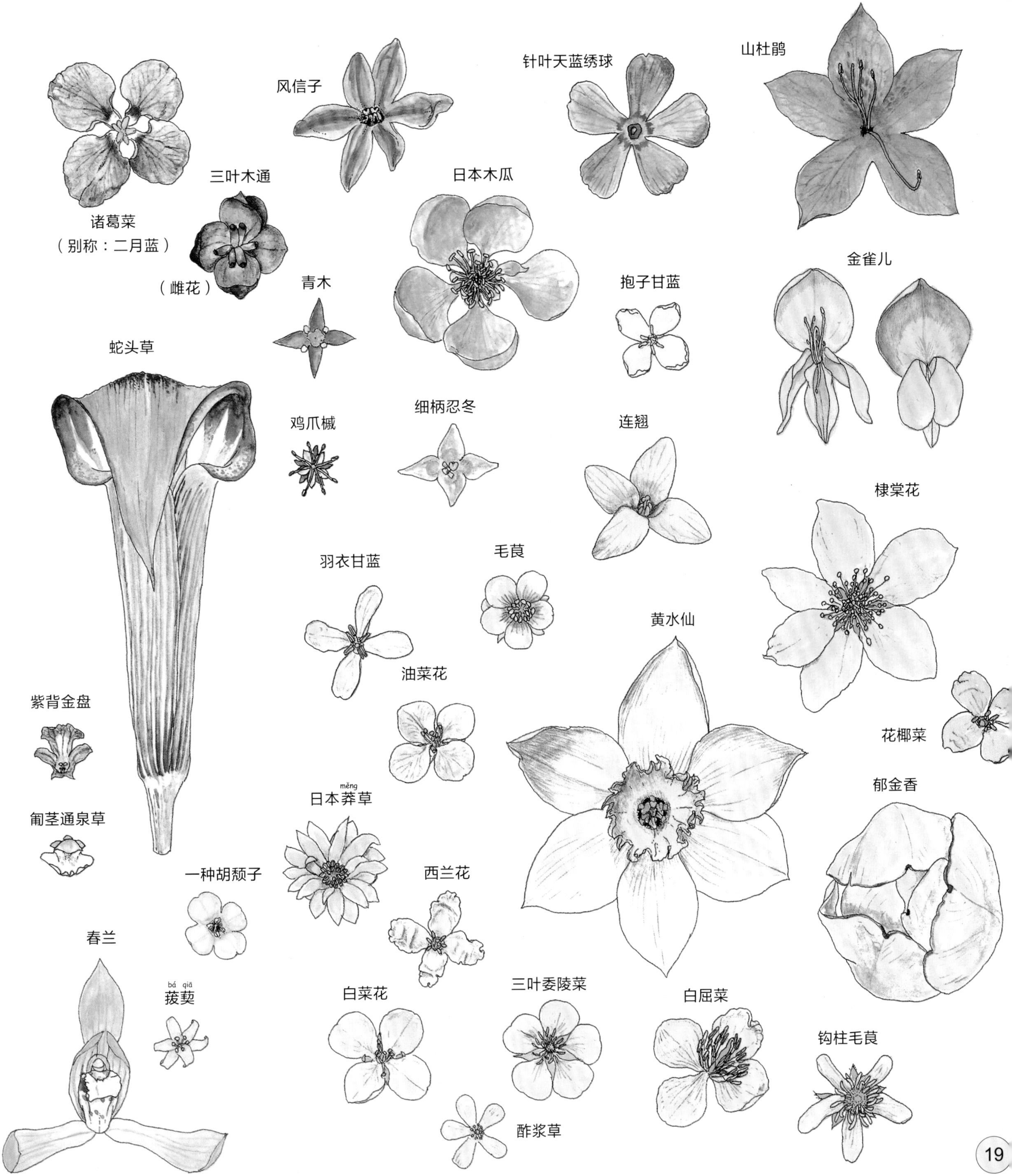
诸葛菜
（别称：二月蓝）
风信子
针叶天蓝绣球
山杜鹃
三叶木通
（雌花）
日本木瓜
青木
金雀儿
抱子甘蓝
蛇头草
鸡爪槭
细柄忍冬
连翘
棣棠花
羽衣甘蓝
毛茛
黄水仙
油菜花
紫背金盘
花椰菜
měng
日本莽草
郁金香
匍茎通泉草
一种胡颓子
西兰花
春兰
bá qiā
菝葜
白菜花
三叶委陵菜
白屈菜
钩柱毛茛
酢浆草

蒲公英

春天最有代表性的花朵就是蒲公英了。
可有些蒲公英的花朵却非常奇怪。

把一朵药用蒲公英的花序分解成一小瓣一小瓣来观察一下，每一个小瓣都可以说是一朵真正的花。

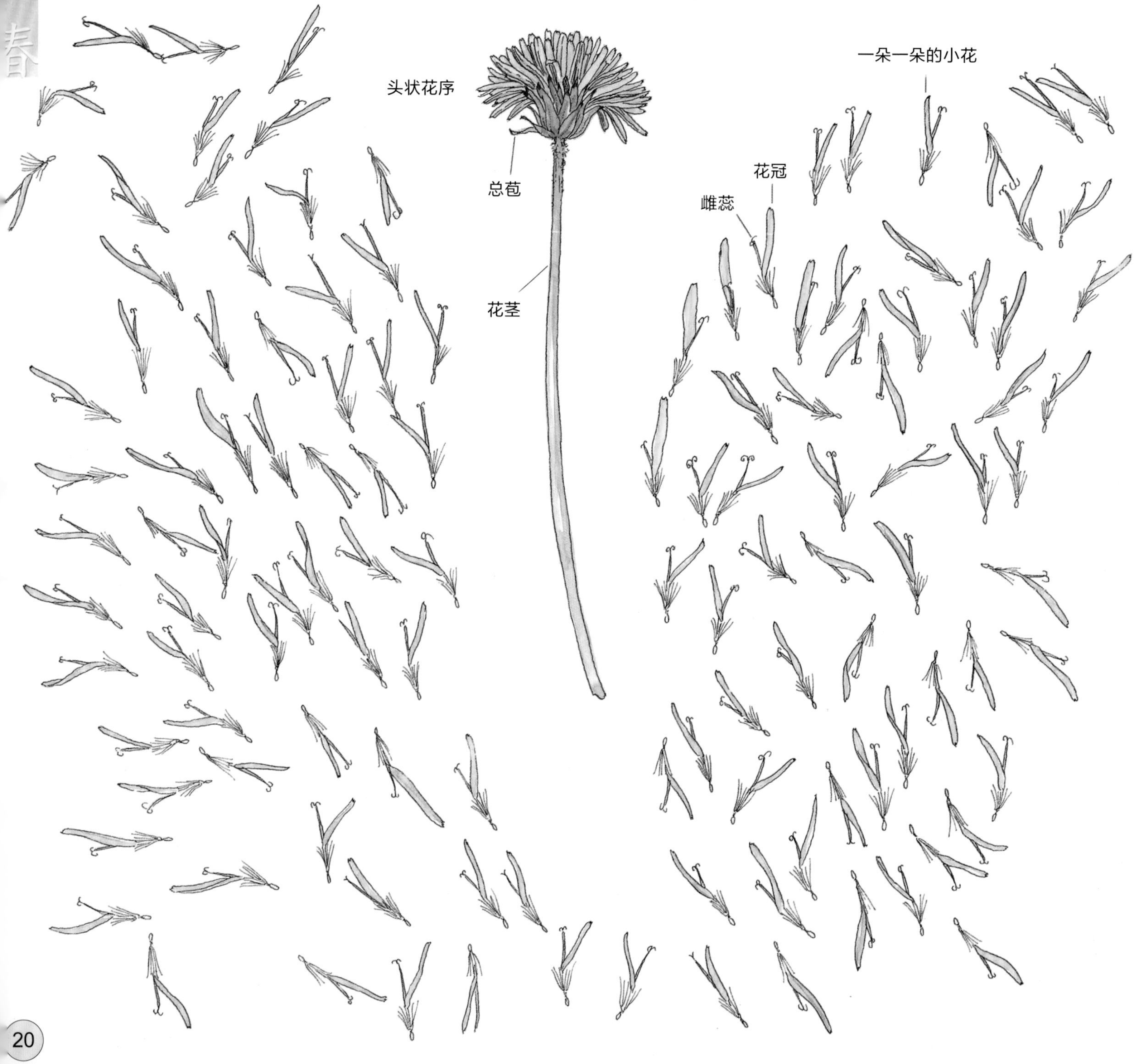

药用蒲公英的花茎有时会异常肥大而扁平，它的样子看起来有些奇怪。

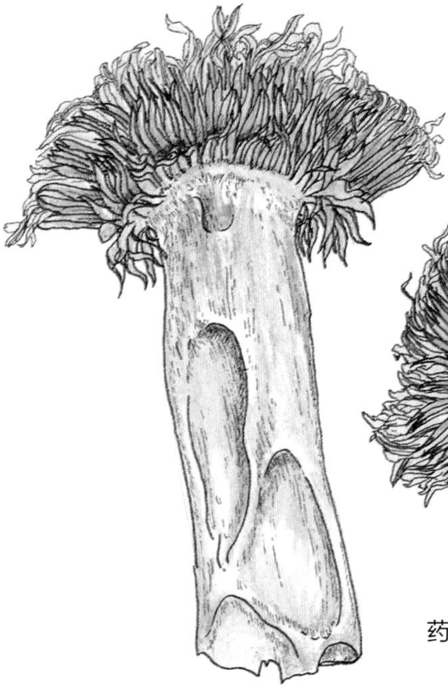

药用蒲公英

白花蒲公英

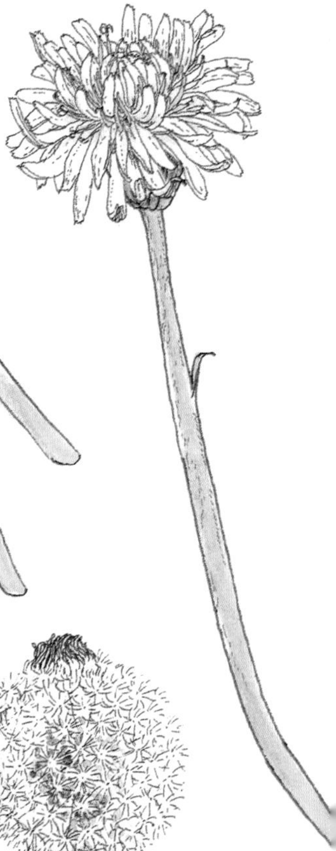

药用蒲公英

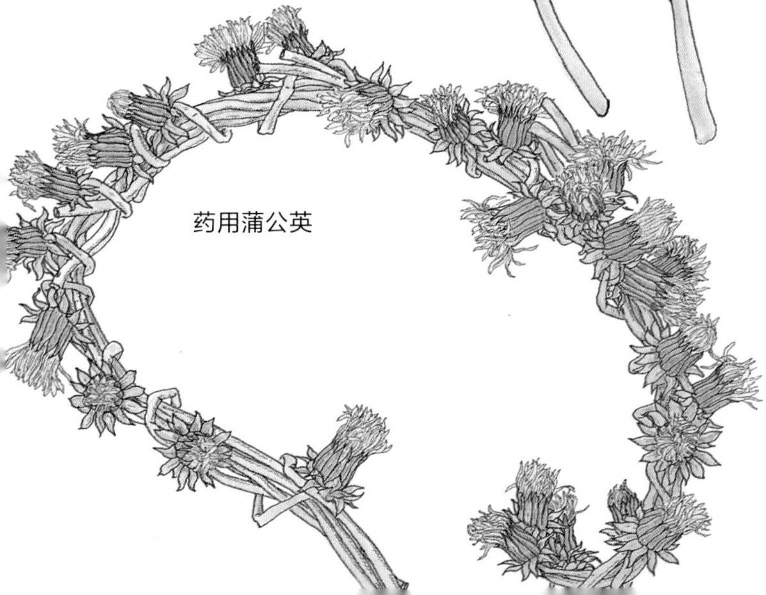

把蒲公英的花茎切开来，里面会流出白色的汁水。把这些汁水收集起来再晒干，可以做橡皮使用。把蒲公英的根收集起来，把它们切碎，再用火慢慢地烘焙，还可以做出蒲公英咖啡！

西兰花
白萝卜
小松菜
marim
AGF
a good after taste of coffee

春天的田野

春天，我们平日吃的蔬菜也会开花、结果。这些再熟悉不过的蔬菜开出的花会是什么样子的，你能想象到吗？

蜂斗菜图鉴

早春，蜂斗菜的花茎从款冬根茎上长出，之后就可以开出白色的头状花。仔细分辨的话，你会发现这些花中既有雌花，也有雄花。猜猜我发现的是雄花还是雌花？

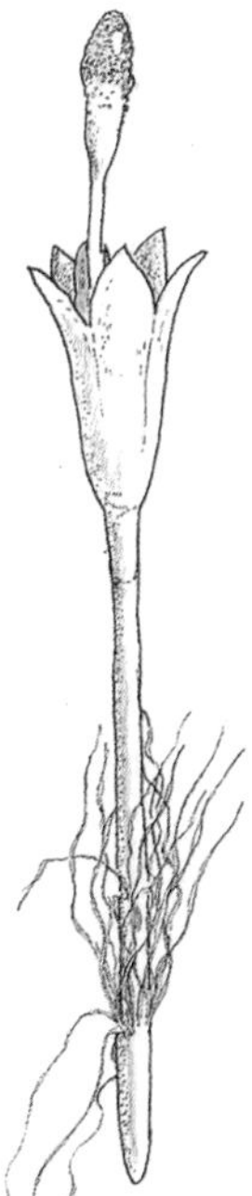

把蜂斗菜的雄花序分解开，每一小片才是一朵真正的小花。

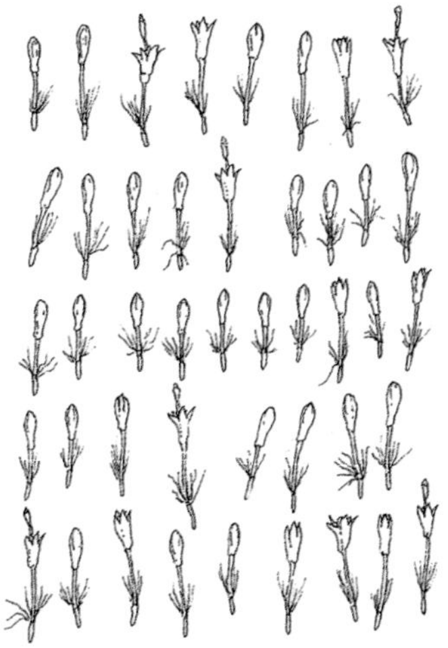

蜂斗菜的雄花

蜂斗菜的花蕾可以采来食用。

蜂斗菜地图

蜂斗菜分别开在不同的地方，雄花和雄花聚集在一起，雌花和雌花聚集在一起。

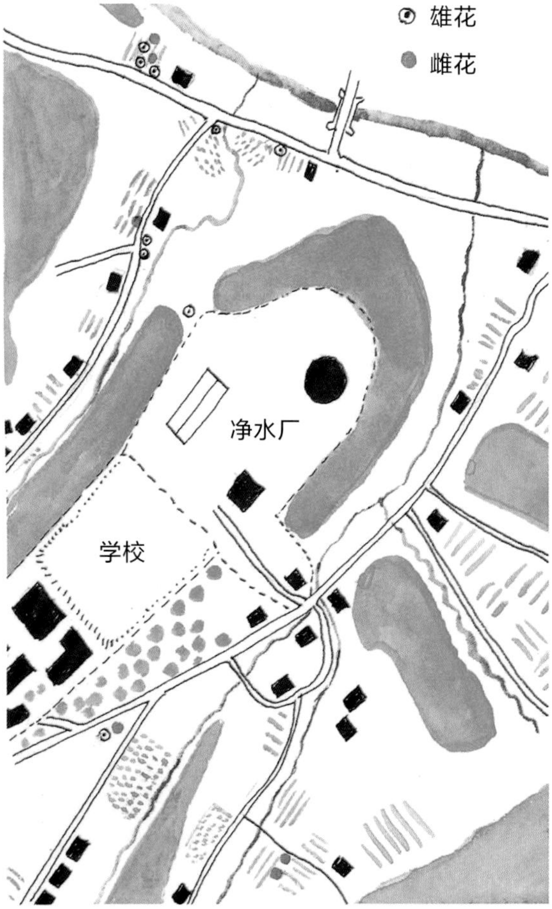

雄花并不结果，开过后就枯萎了。

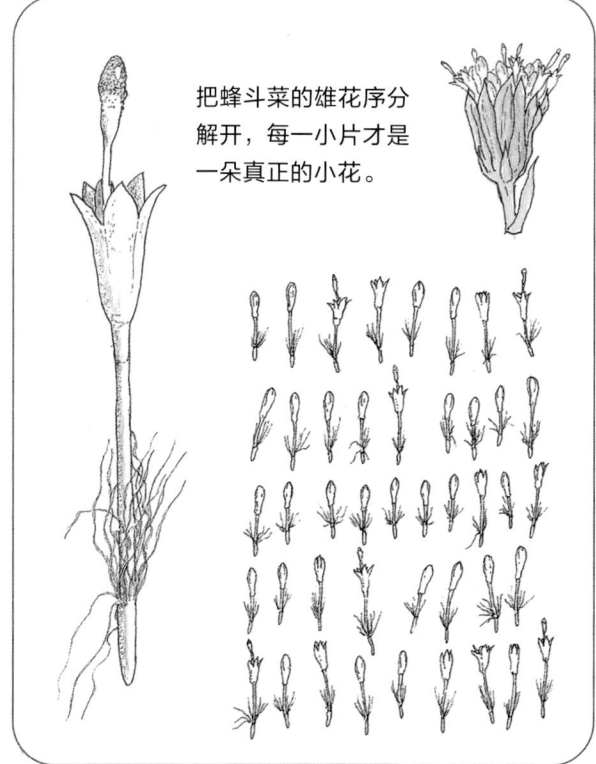

蜂斗菜的雌花

打开蜂斗菜的花蕾看看，你就能马上知道它是雌花还是雄花。

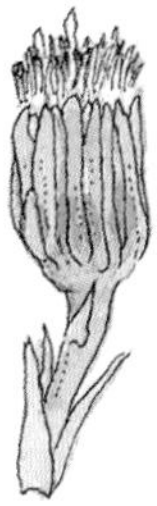

蜂斗菜其实是许多小花聚集在一起形成的头状花序。把雌花也分解开看看，每朵小花都比雄花的小花细小一些。

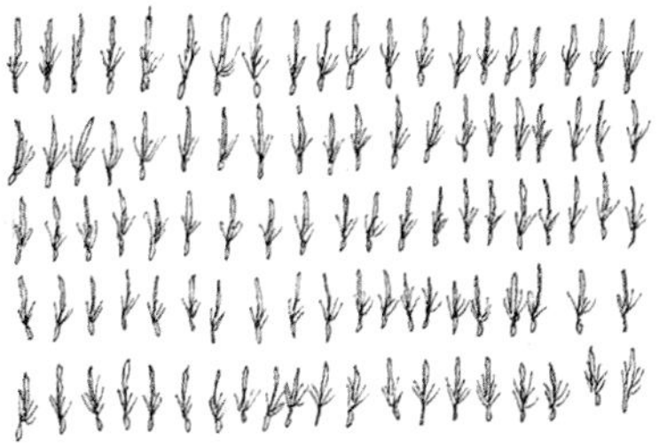

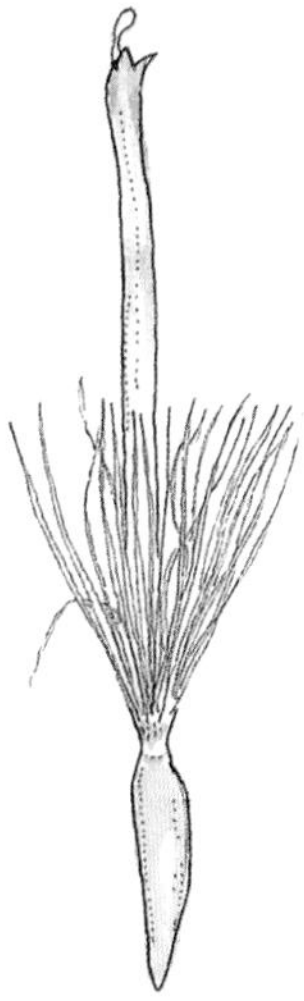

有 150 朵花可以结出种子

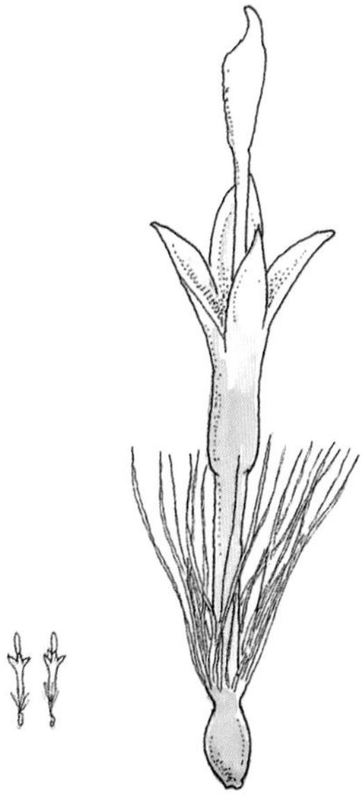

两朵小花负责产出花蜜

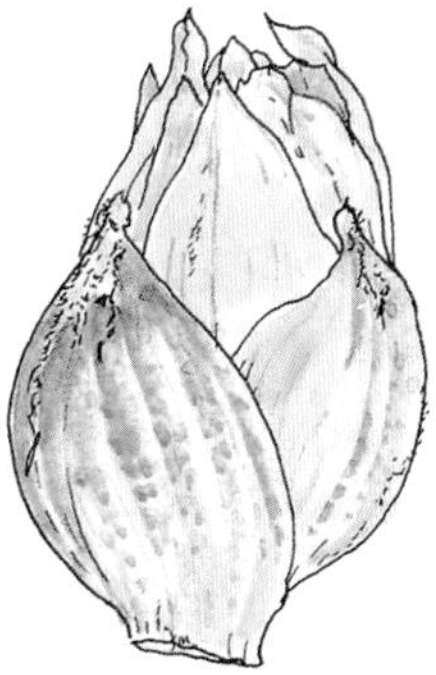

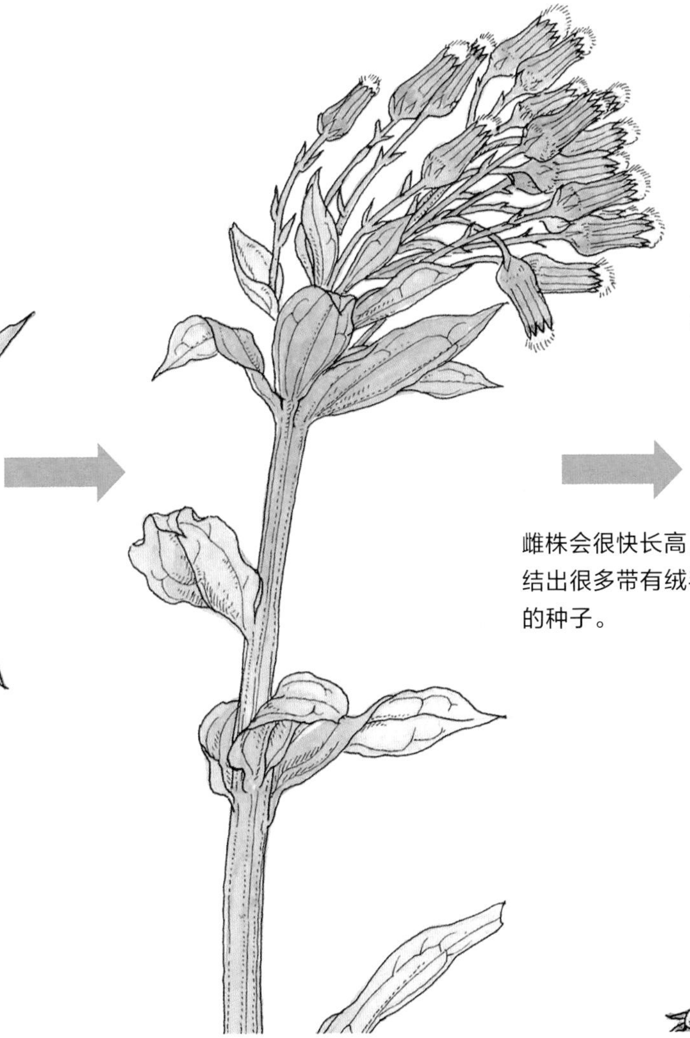

雌株会很快长高，结出很多带有绒毛的种子。

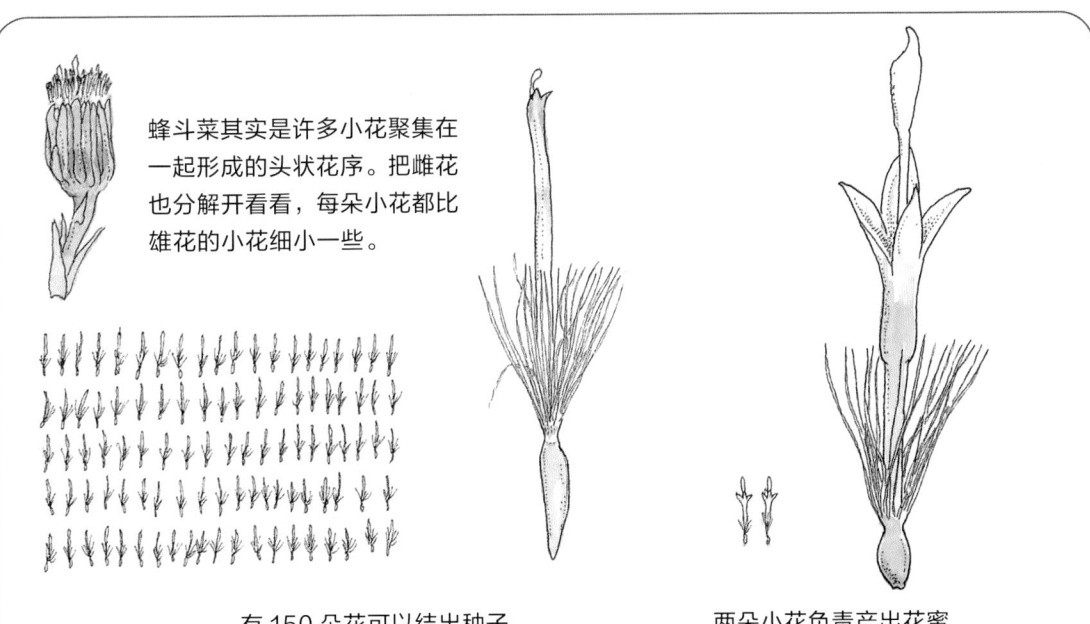

不开花的植物

有一些植物是不开花的。问荆作为一种蕨类植物，是依靠孢子来繁殖的。下图中就是春天结着像毛笔头似的孢子叶穗的问荆。问荆的叶子其实是它的营养茎枝。

有时也能见到图中这种营养茎枝和孢子茎枝合二为一的问荆。

问荆
（别名：节节草）
把问荆静置一段时间，出现的绿色粉状物就是孢子。
还未成熟的营养茎枝
已经枯萎的去年的问荆。它的营养茎枝和孢子茎枝在地下是连在一起的。
食用问荆时，要把它那坚硬的“叶鞘”去掉。
问荆的地下茎可以扎进很深的土层中去。

紫萁、蕨菜、荚果蕨和问荆一样，同属于蕨类植物，也是利用孢子来繁殖。我们平时吃的蕨类植物是这几种植物在春天里刚生出的嫩芽。

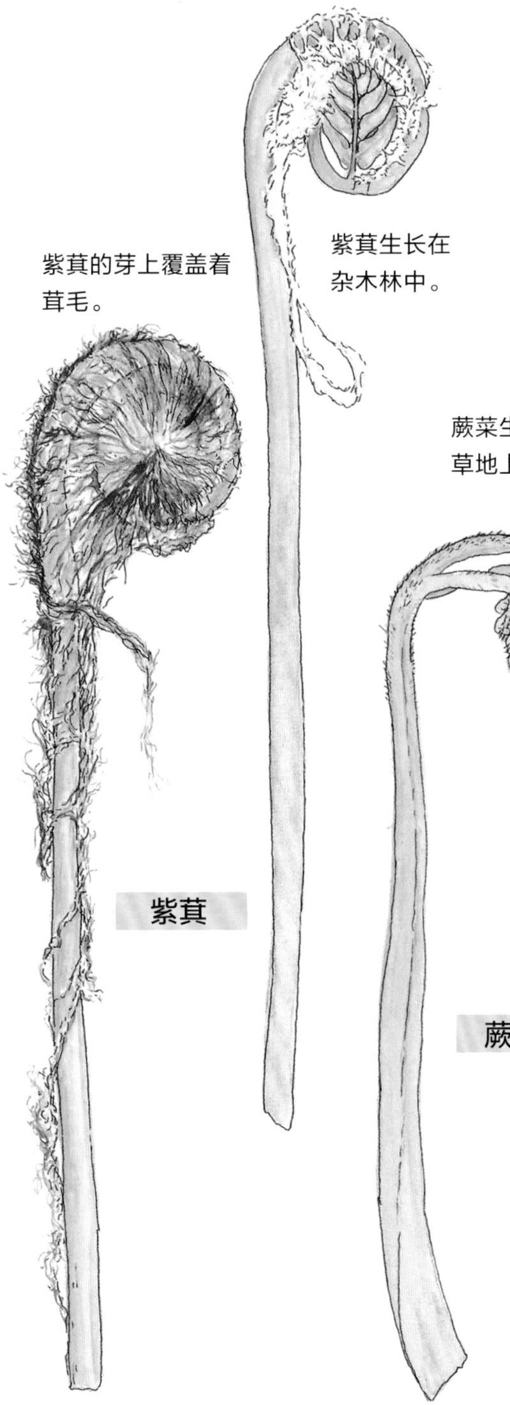
紫萁的芽上覆盖着茸毛。
紫萁生长在杂木林中。
紫萁

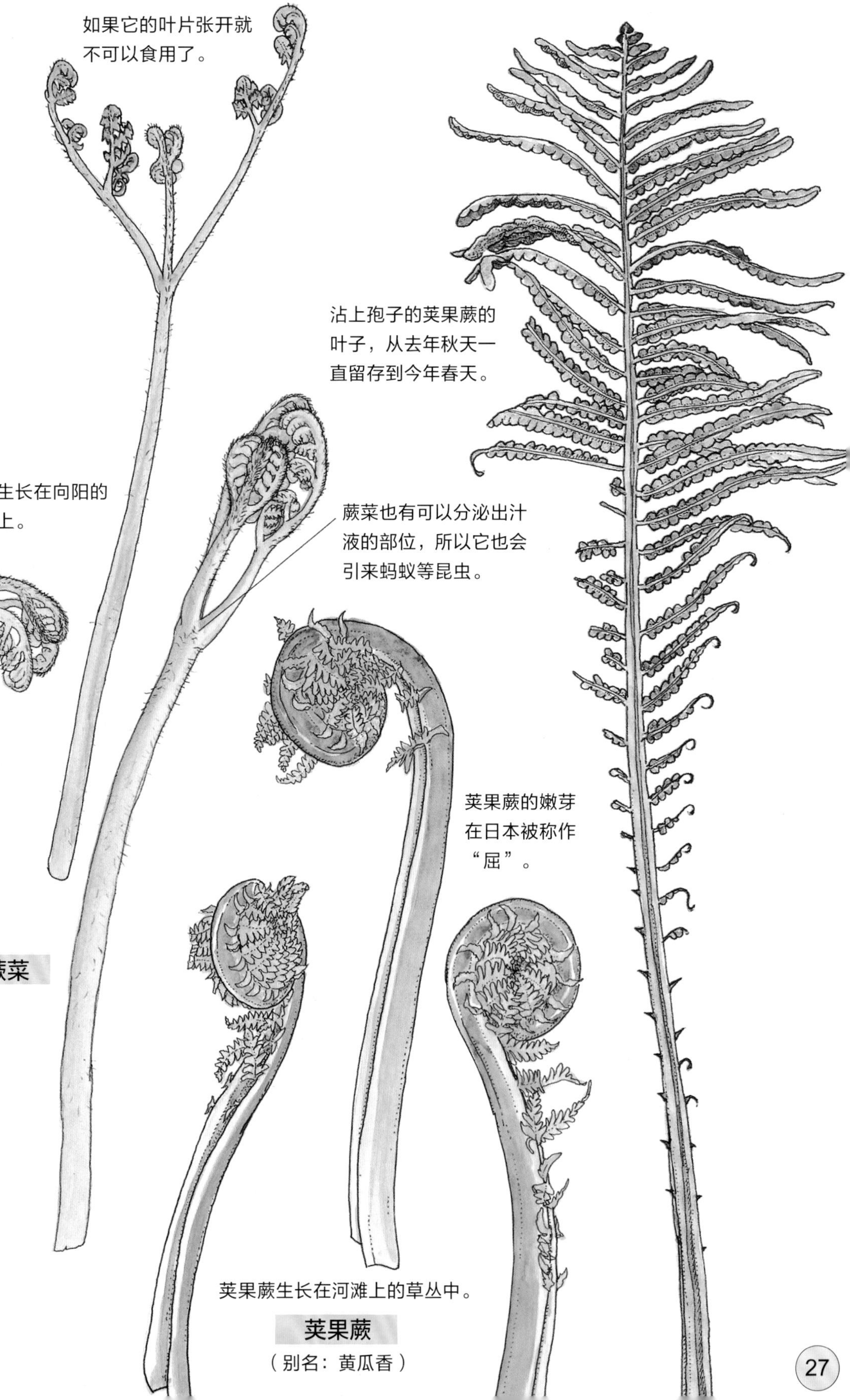
如果它的叶片张开就不可以食用了。
蕨菜生长在向阳的草地上。
蕨菜也有可以分泌出汁液的部位，所以它也会引来蚂蚁等昆虫。
蕨菜
沾上孢子的荚果蕨的叶子，从去年秋天一直留存到今年春天。
荚果蕨的嫩芽在日本被称作“屈”。
荚果蕨生长在河滩上的草丛中。
荚果蕨
（别名：黄瓜香）

吃蕨菜和紫萁时，必须去除它们的苦味；而吃荚果蕨时不去除苦味也是可以的。

厨房的春天

春天到了，厨房里那些残留的蔬菜也迎来了它们的春天。

夏

夏天是昆虫最活跃的季节。
让我们去探寻昆虫们的聚居地吧！

夏天的田野

人们在田地里种植的蔬菜会吸引昆虫和小动物。

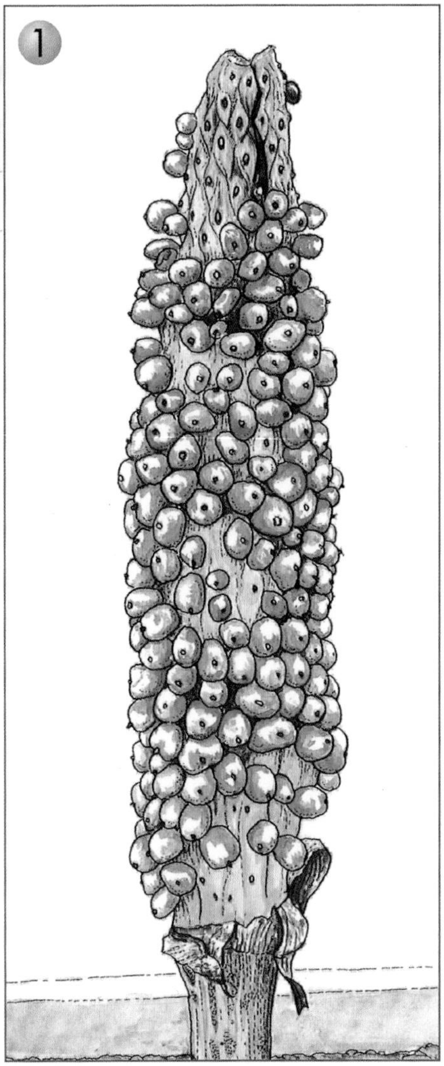

蔬菜知多少？

①－⑦号都是我在夏天的田地里找到的。它们是哪些蔬菜的花、果实或种子呢？哪些是你吃过的？（答案在本页下方）

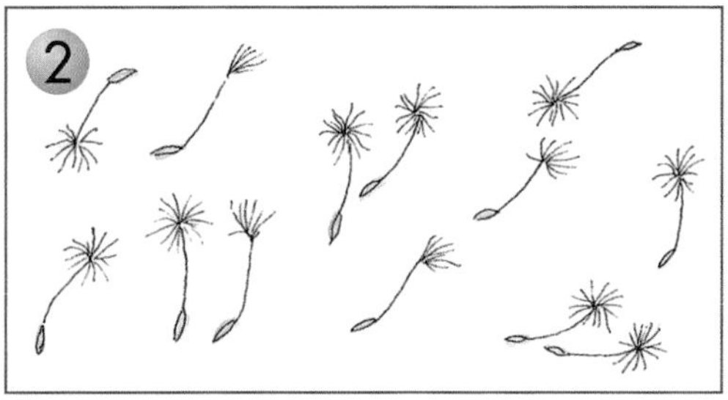

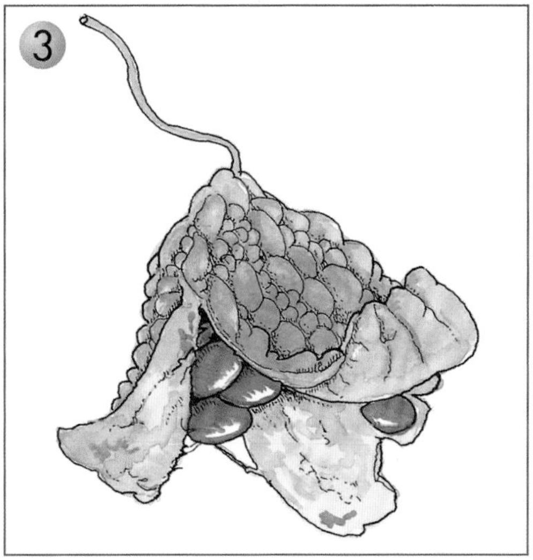

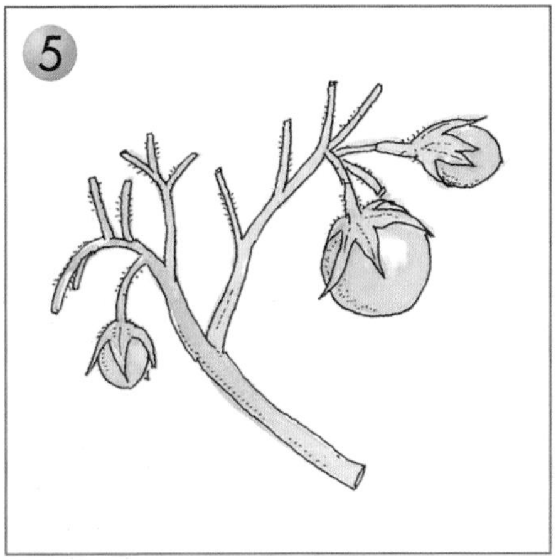

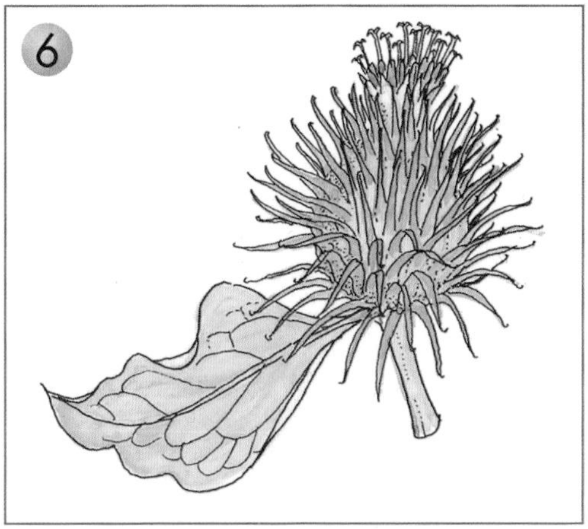

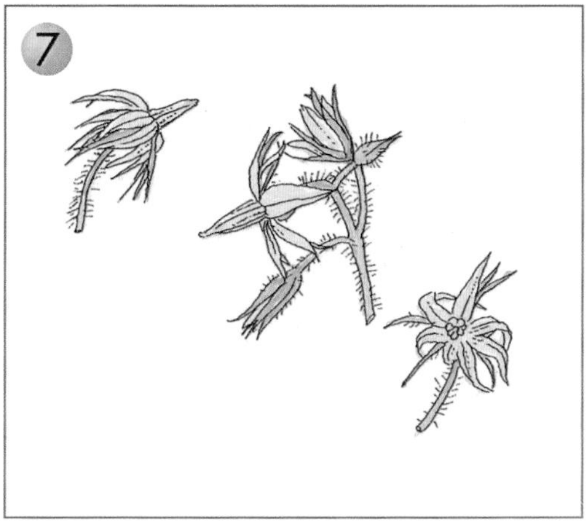

① 魔芋的果实　② 莴苣的种子　③ 苦瓜成熟的果实　④ 芝麻的果实　⑤ 番茄的果实　⑥ 牛蒡的花　⑦ 番茄的花

荞麦花引来的昆虫

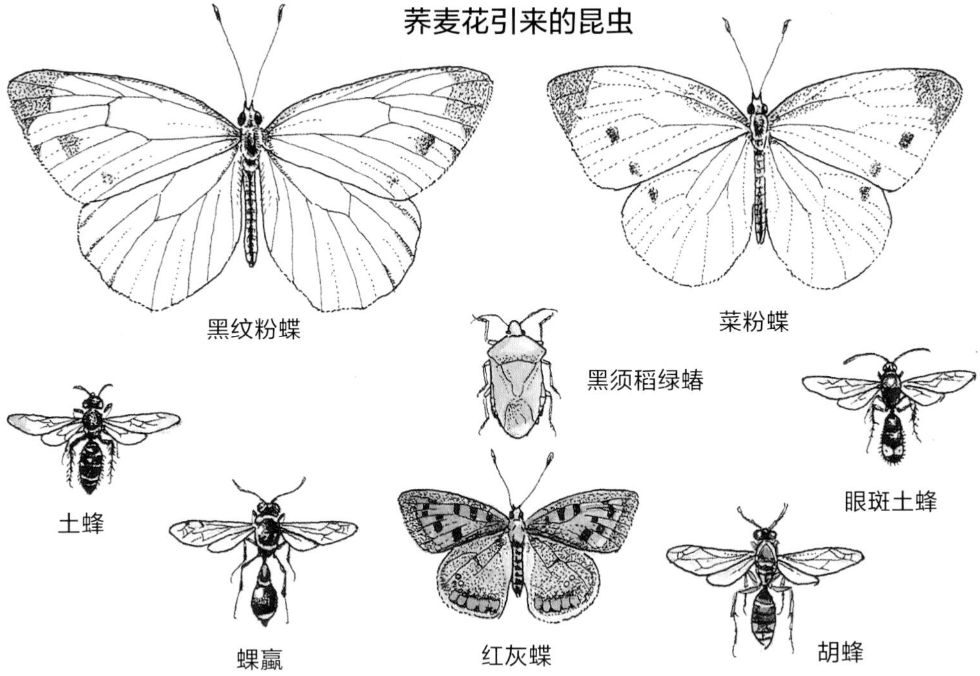

果子狸咬过的蔬菜

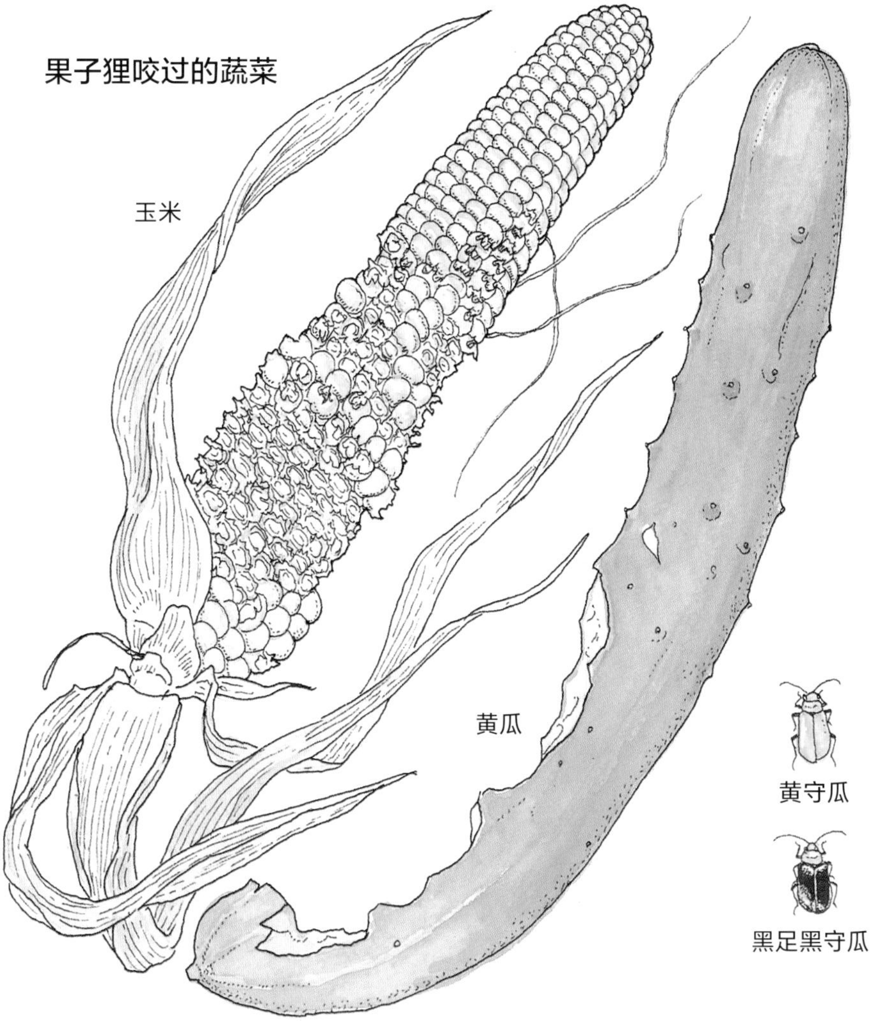

瓜叶虫、黑瓜叶虫咬过的南瓜叶

夏天的橡实

枹栎和麻栎在春天开花，而可食柯和米槠却要等到夏天才开花。和枹栎、麻栎的花不同，可食柯或米槠的花会吸引很多昆虫。

部分壳斗科植物今年开过花后，要等到下一年的秋天才能结出果实。

夏末秋初，树上那些长大了的橡实其实是去年开过的花结出来的。

夏天结束时，还是绿色的橡实居然会从枝头掉落。这其实是橡实剪枝象这个坏家伙做的呢！

掉在树下的枹栎树枝

用长长的口器在橡实上打洞。

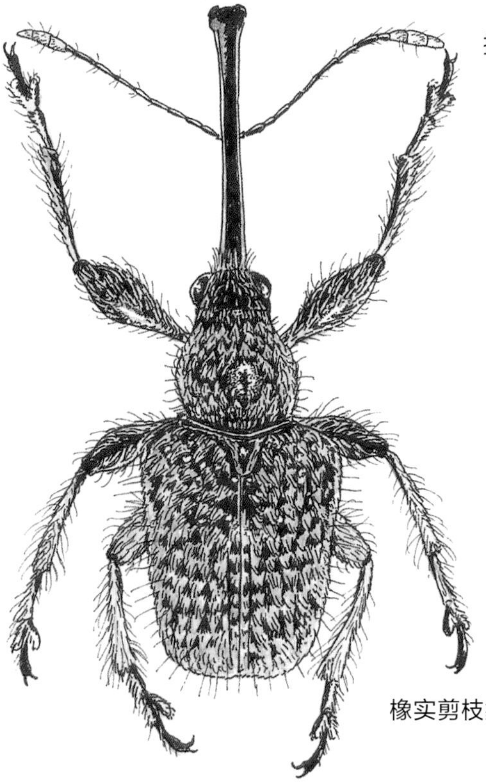

橡实剪枝象

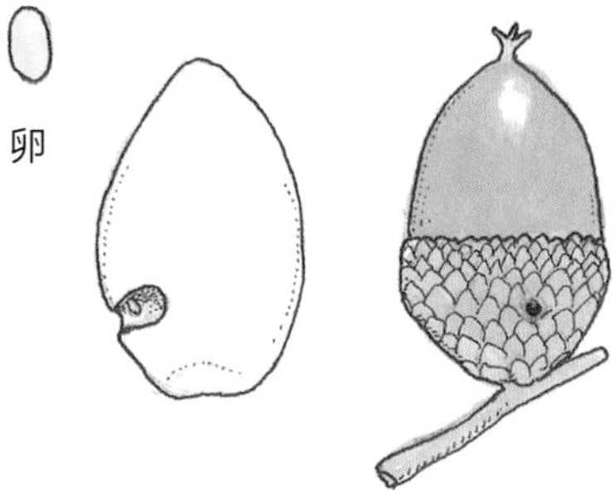

橡实剪枝象把卵产在橡实里

在橡实里产卵后，再用口器把树枝切断。

夏天的昆虫

有些昆虫的身体非常柔软，有些则很坚硬；有些昆虫整日里飞来飞去，有些却只能爬行。

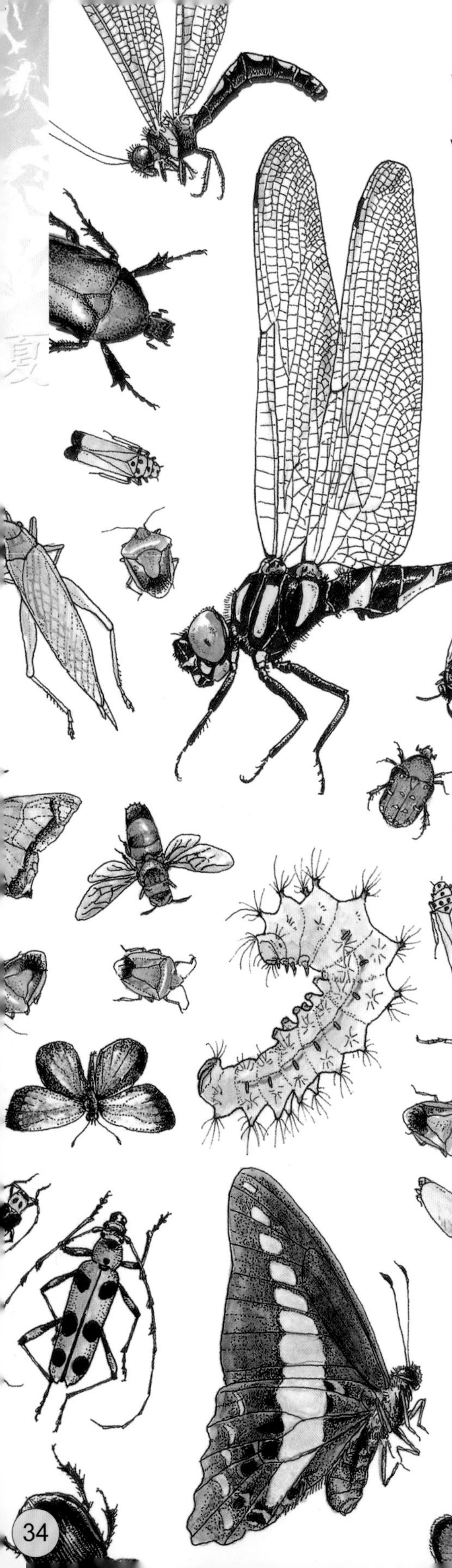

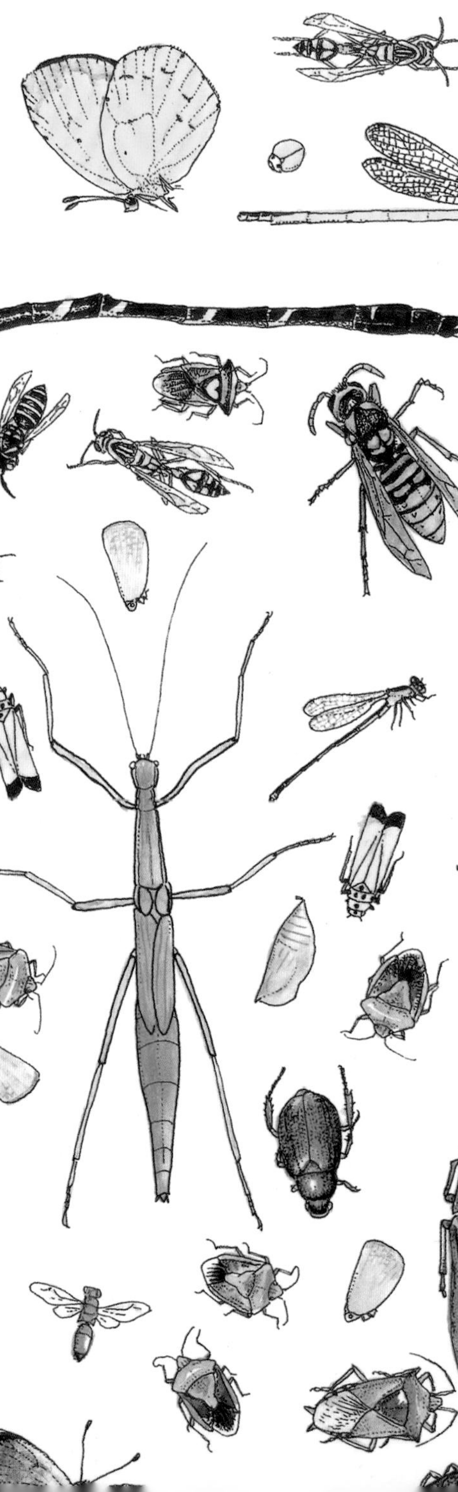

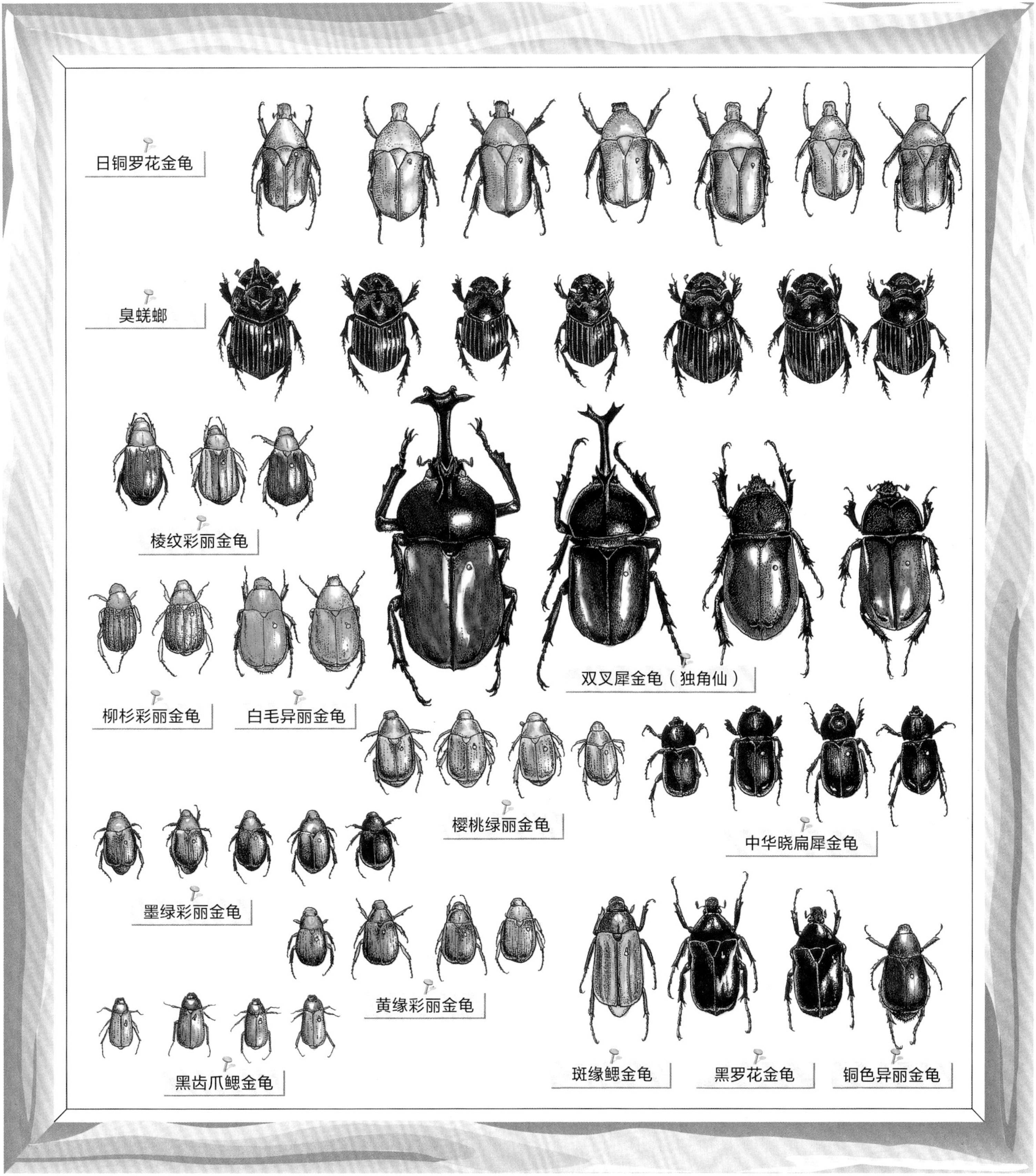
日铜罗花金龟
臭蜣螂
棱纹彩丽金龟
双叉犀金龟（独角仙）
柳杉彩丽金龟
白毛异丽金龟
樱桃绿丽金龟
中华晓扁犀金龟
墨绿彩丽金龟
黄缘彩丽金龟
黑齿爪鳃金龟
斑缘鳃金龟
黑罗花金龟
铜色异丽金龟

树液餐厅

枹栎树的树液吸引来不少锹（qiāo）甲。
这棵树简直是为这些甲虫而开的餐厅。

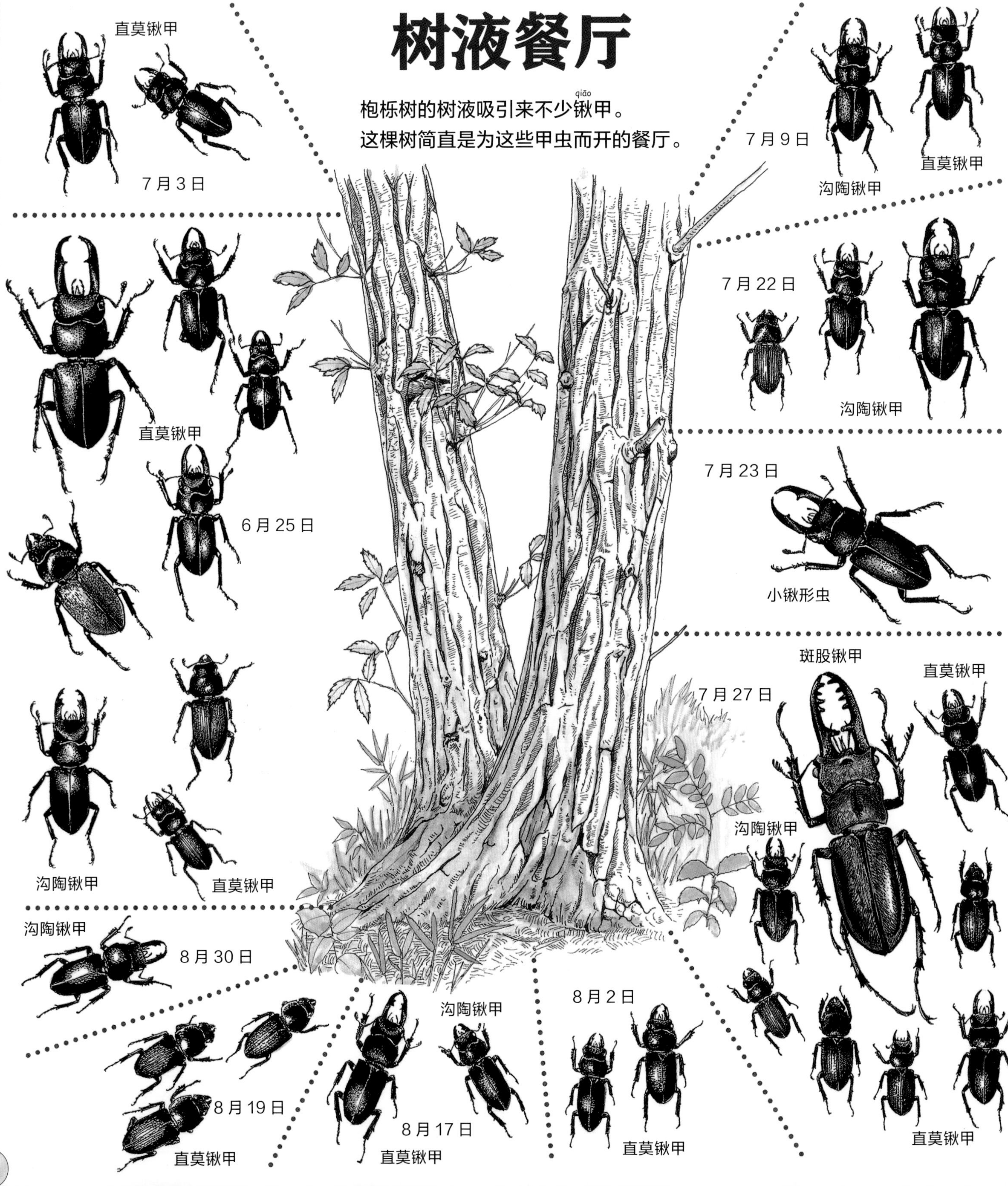

掉落在麻栎树下的昆虫残翅

麻栎树的树液也引来了不少昆虫。图中就是这些昆虫被鸟儿捕食后遗留下来的残翅。

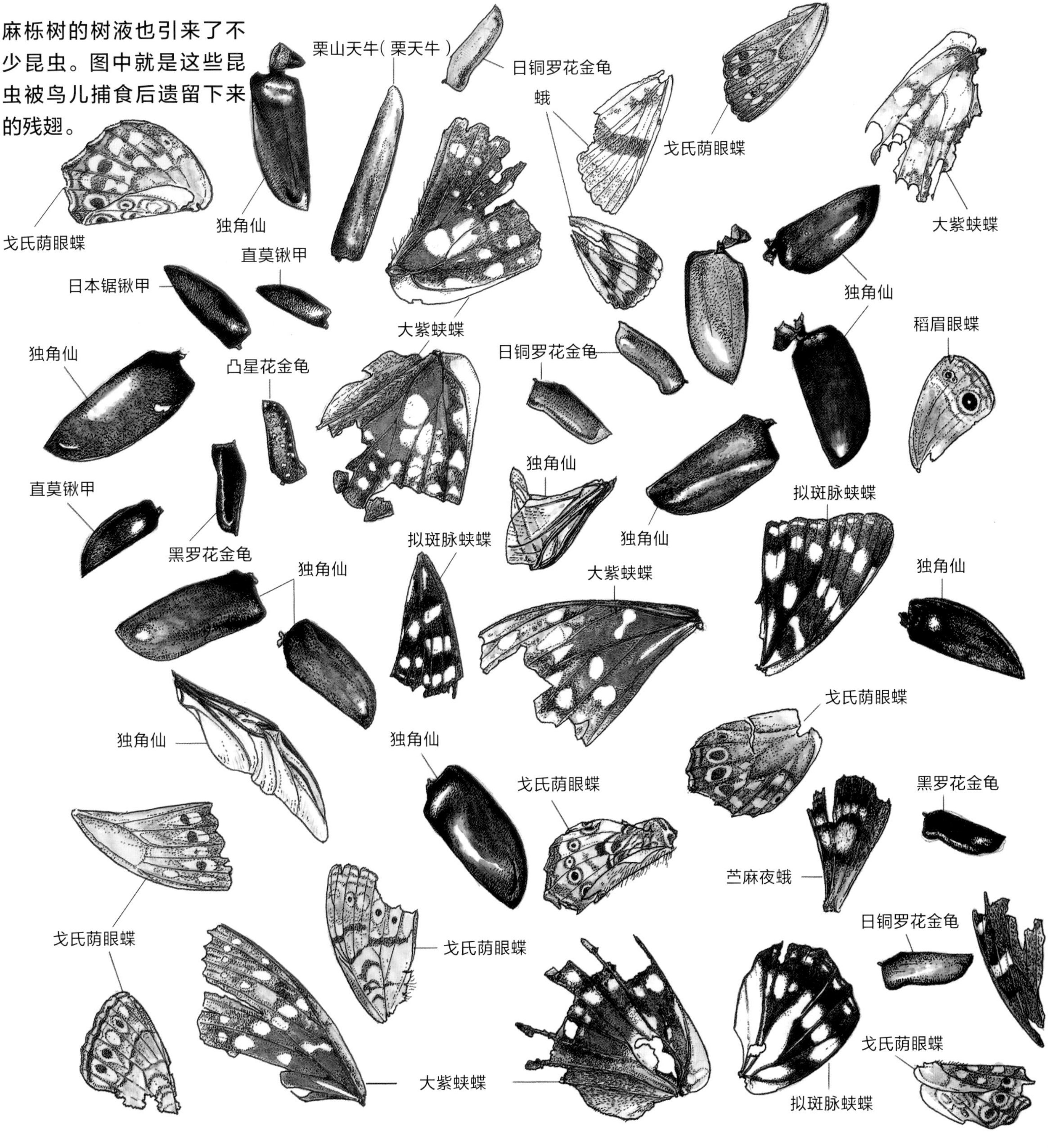

自然界中的“绝配”
——花与昆虫

花儿的颜色和形状不同，吸引来的昆虫也会不同。

乌蔹（liǎn）莓的花引来的昆虫

乌蔹莓会开出许多浅色的小花，因此来拜访这些小花的昆虫络绎不绝。

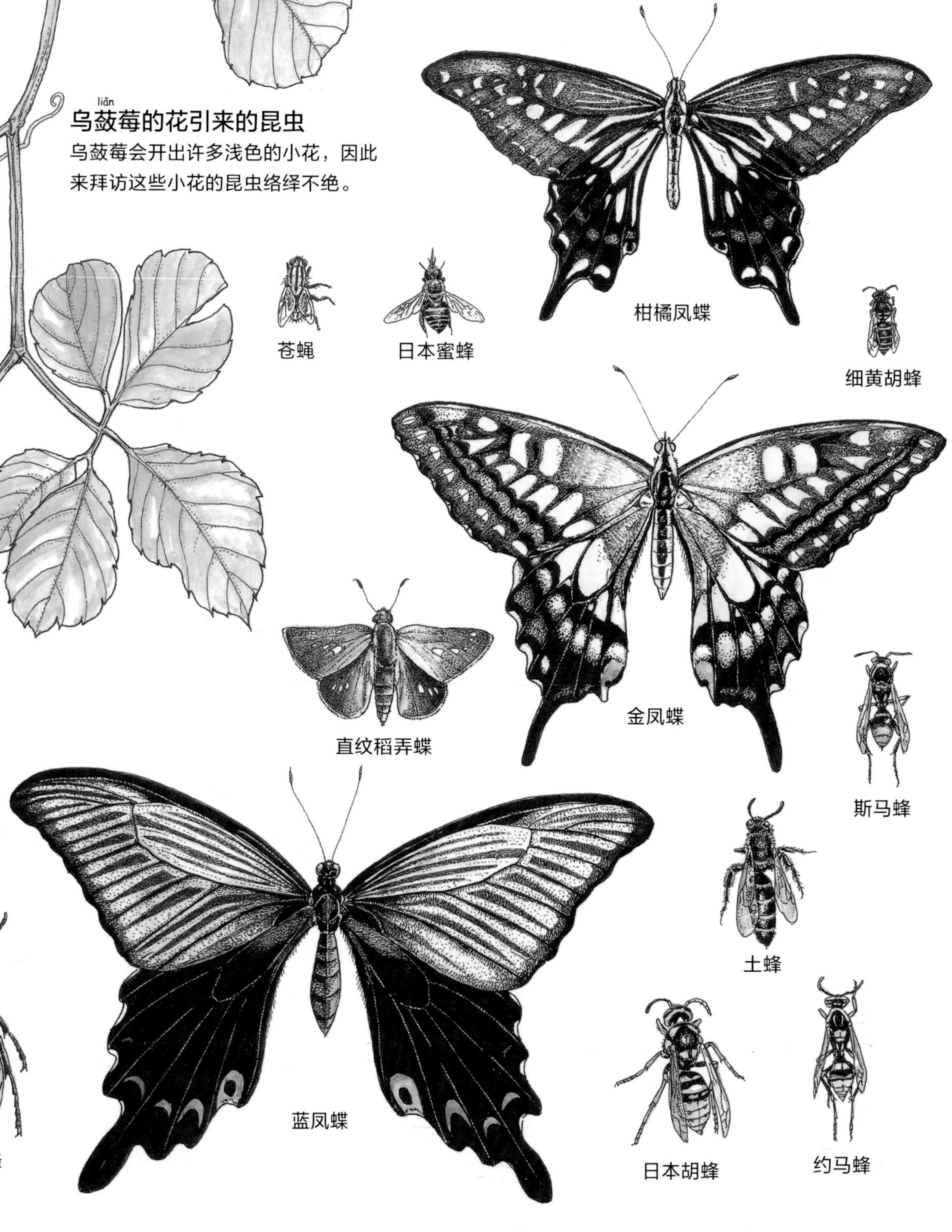

大花六道木的花朵引来的昆虫

大花六道木的花朵呈细长的筒状，所以它吸引来的都是口器较长的昆虫。

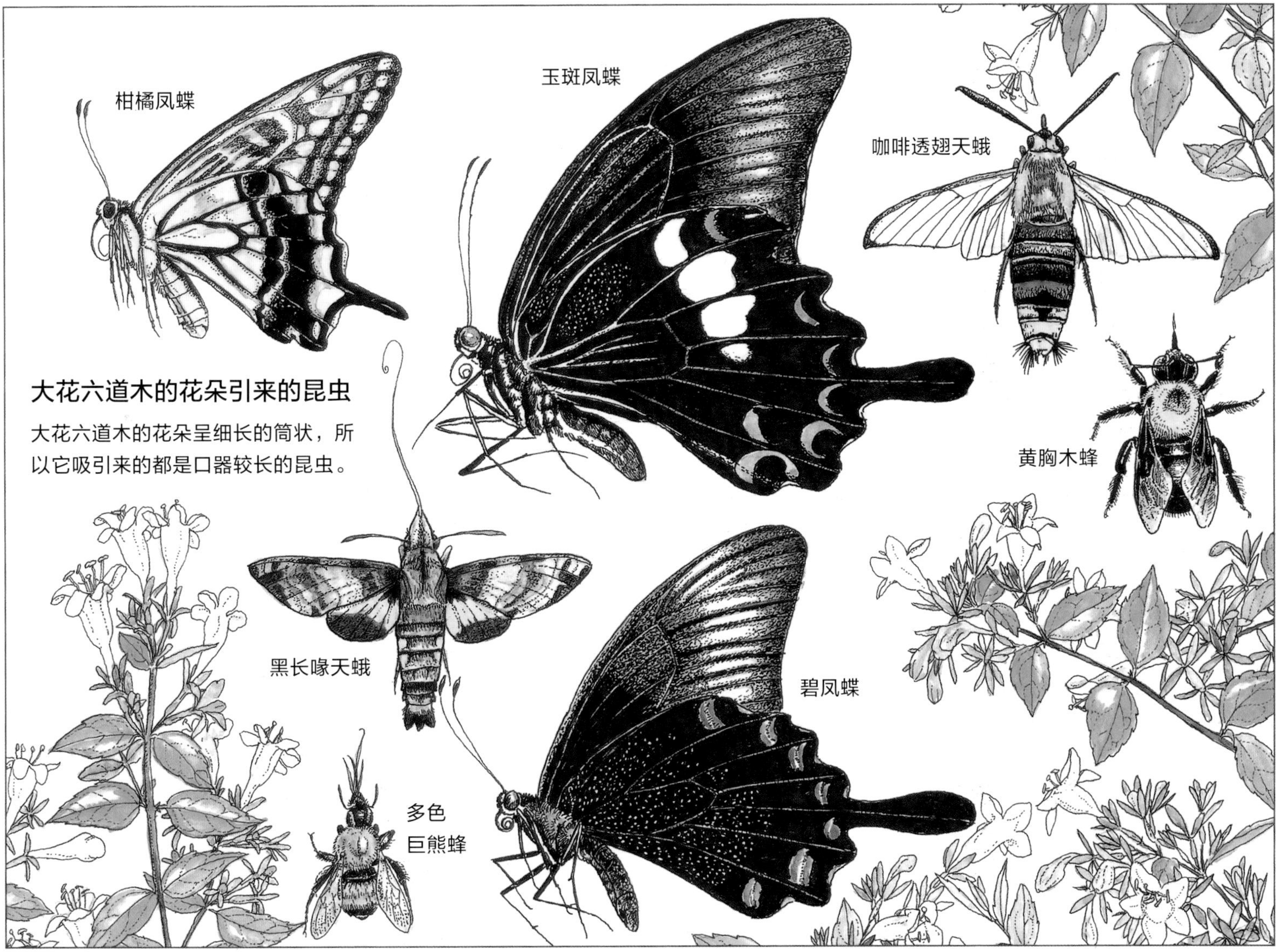

爵床的花朵引来的昆虫

爵床的花朵呈短筒状，因此，爵床花引来的昆虫口器都比较短。

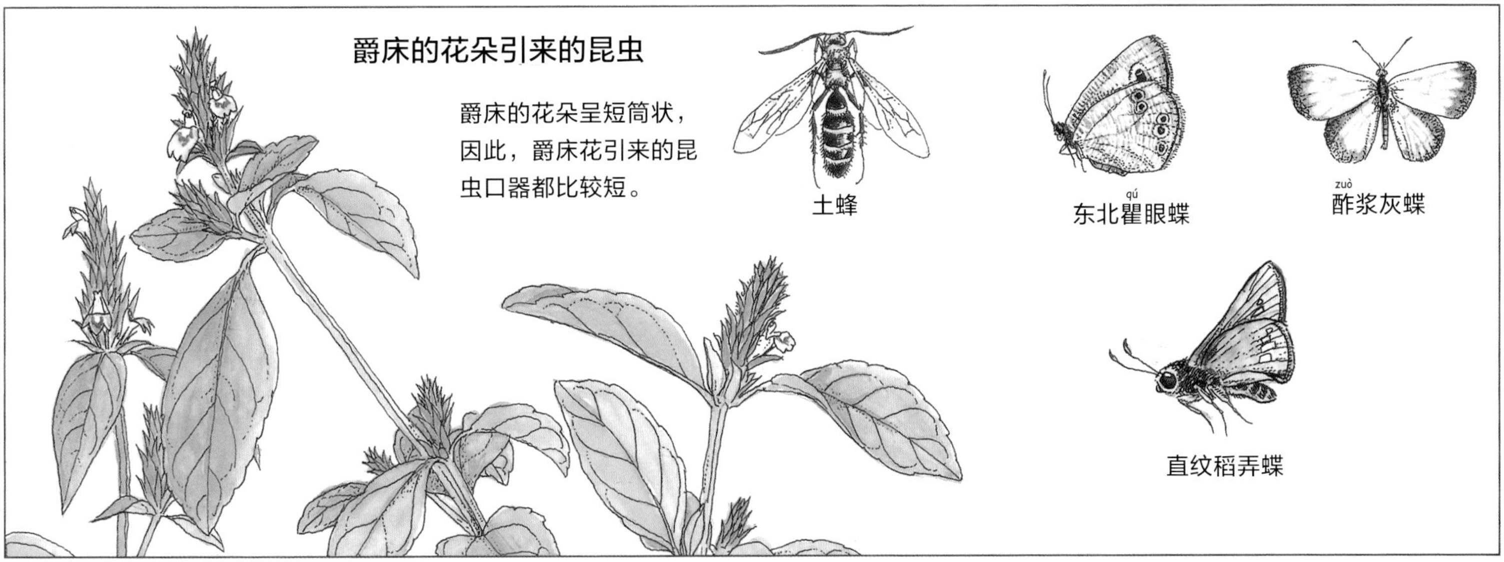

粪球中的“宝石”

昆虫的食物其实是多种多样的。在昆虫家族中，有一些就是靠动物的粪便生存。可不要小看它们哟！这些能把动物的粪便打扫得干干净净的小昆虫，有不少颜色非常美，是当之无愧的昆虫中的“宝石”呢！

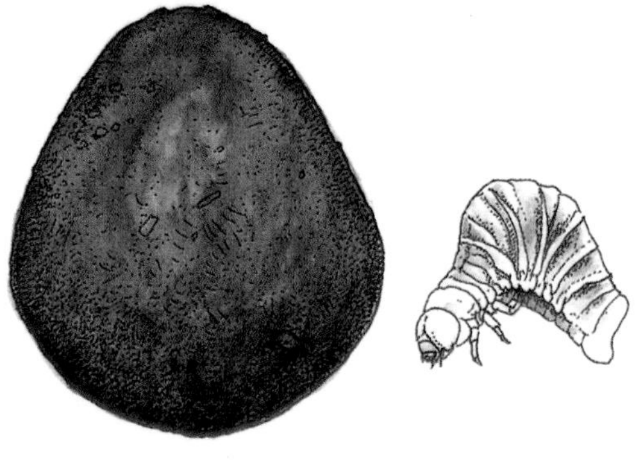

臭蜣螂制作出的粪球和生活在里面的臭蜣螂幼虫

修建在地下的臭蜣螂巢及里面的粪球

法布尔在《昆虫记》中就提过大名鼎鼎的屎壳郎（中文正式名：蜣螂）。它会把动物的粪便滚成圆圆的粪球，再把这些粪球埋到土里，作为自己和幼虫的食物。在日本，像蜣螂这样能够搬运粪便的昆虫只有一种个头非常小的小圆蜣螂（豆达摩蜣螂）。

臭蜣螂是一种生活在牧场里的蜣螂，它并不搬运粪便，而是把牛的粪便直接埋在地下。在它的“地下住宅”中，它才会把粪便滚成粪球，并且在粪球中产卵、养育幼虫。

小圆蜣螂的实际大小

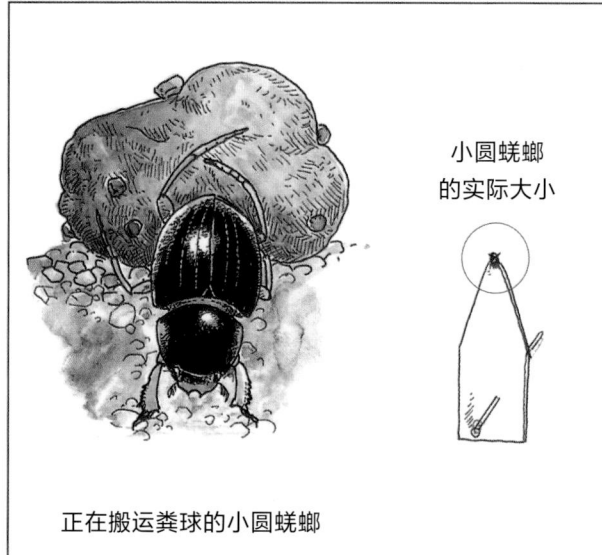

正在搬运粪球的小圆蜣螂

粪金龟

喜欢牧场中牛的粪便或山中鹿的粪便。不同生活地域的粪金龟，颜色也会有差别。图为分布在日本各地的粪金龟。

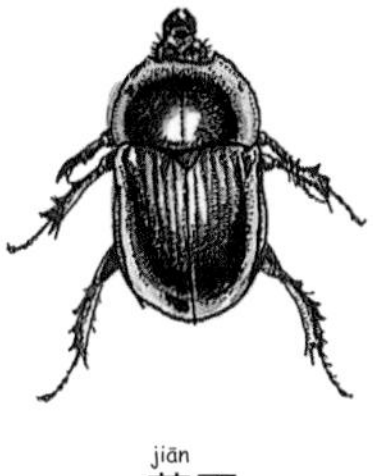
菅(jiān)平

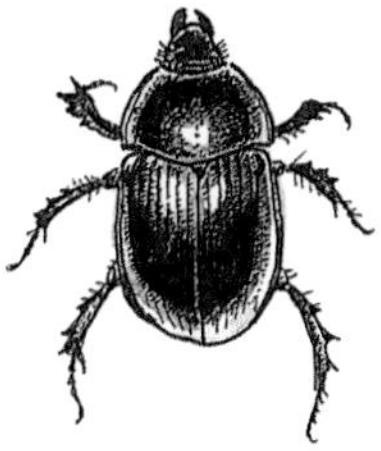
奥多摩

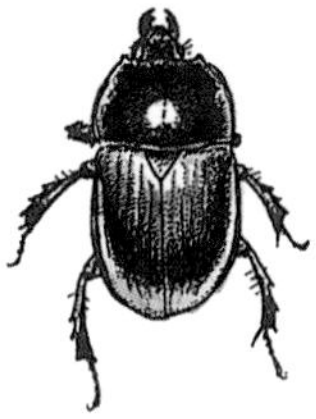
秩父

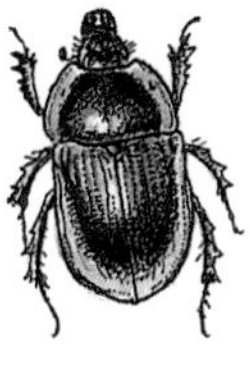
秋田

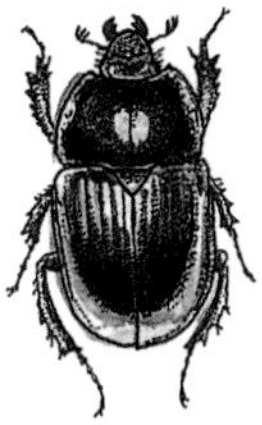
千叶 · 清澄山

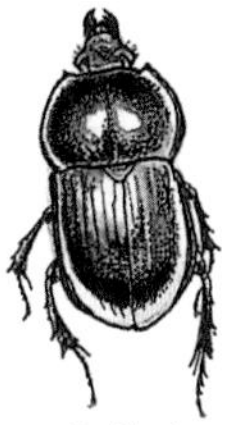
金华山

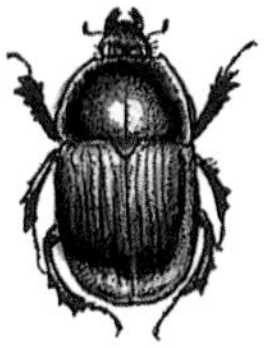
奈良

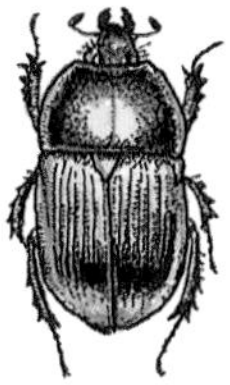
京都

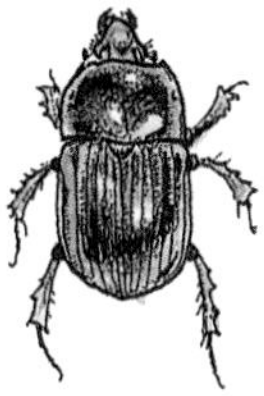
广岛

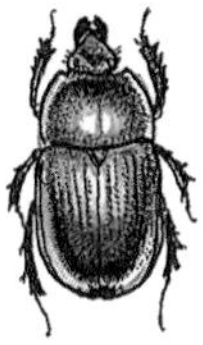
和歌山

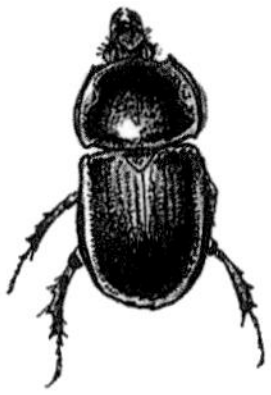
礼文岛

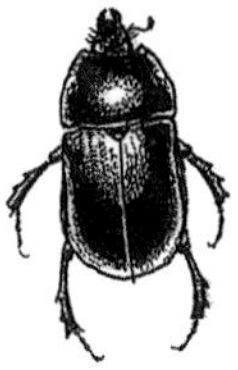
纲走

下北半岛

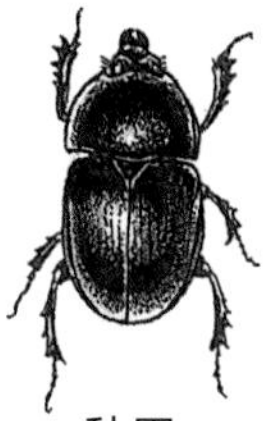
秋田

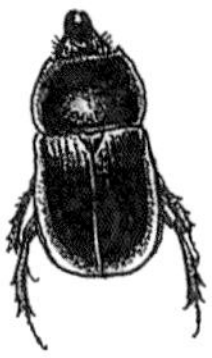
千叶

鹿儿岛

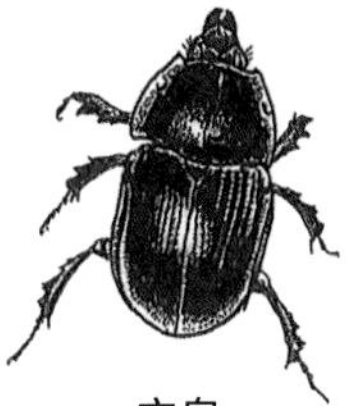
广岛

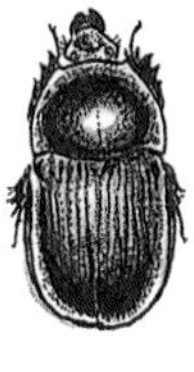
和歌山

神奈川

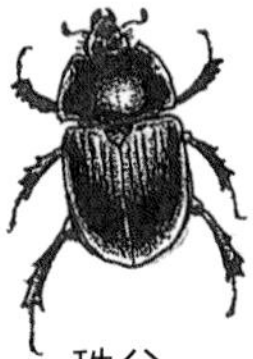
秩父

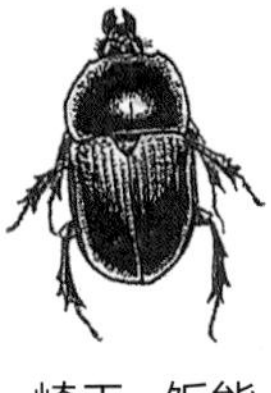
崎玉 · 饭能

粪金龟

喜欢狗的粪便或貉的粪便。

昆虫售卖图

有一些昆虫我们可以从商店里买到。

10元

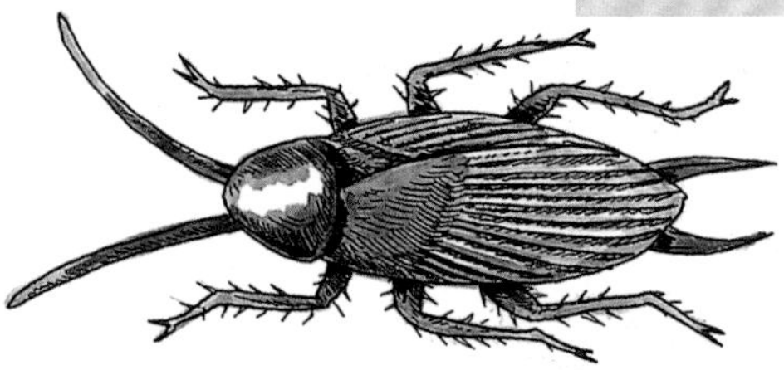

1 蟑螂玩具

100克 32.5元

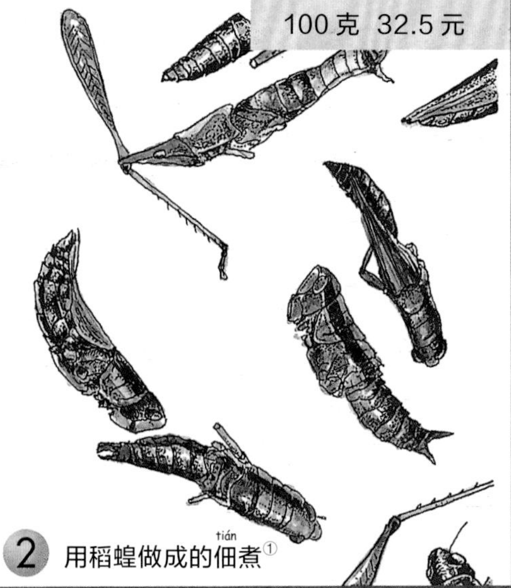

2 用稻蝗做成的佃煮[①]

100克 130元

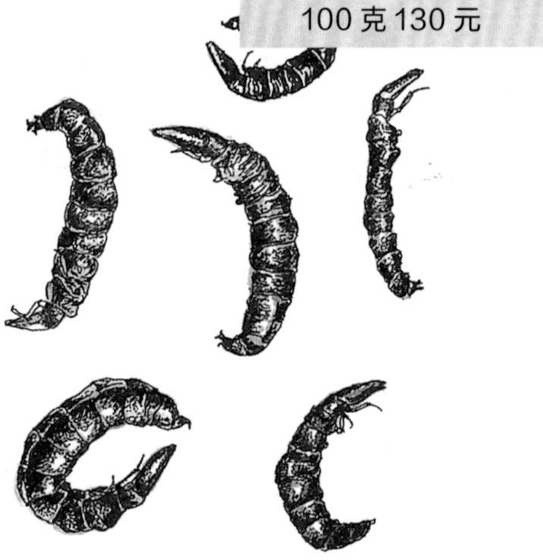

3 用角石蛾属幼虫做成的佃煮

10克 56.5元

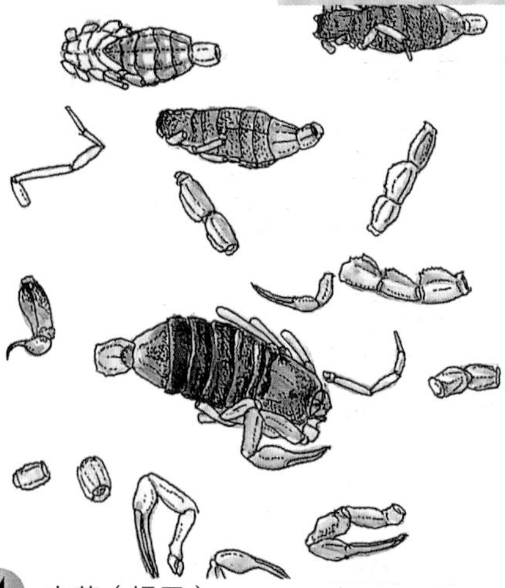

4 中药（蝎子）

10克 15元

5 中药（东方水蠊）

100克 75元

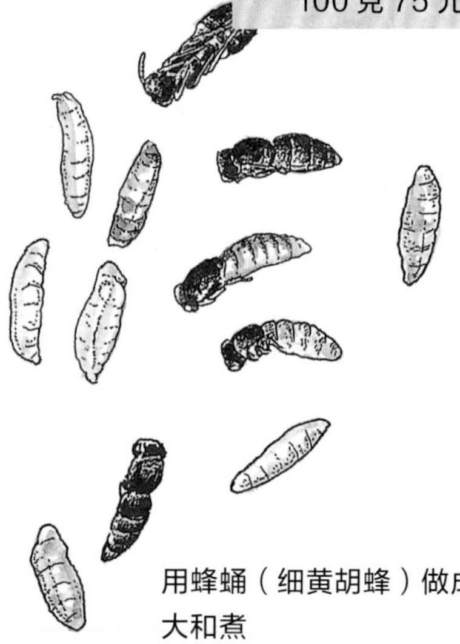

6 用蜂蛹（细黄胡蜂）做成的大和煮

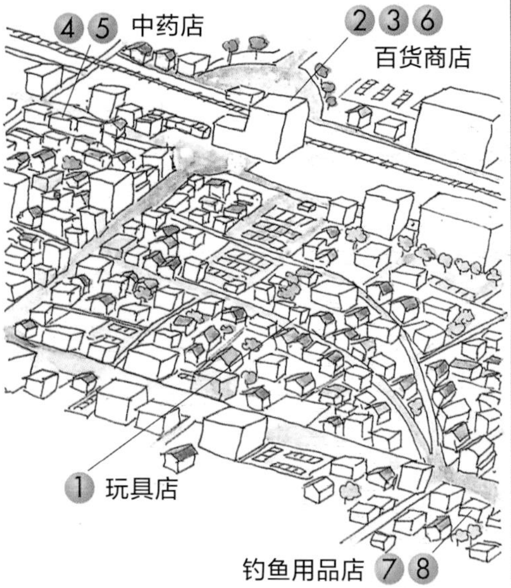

1袋 19元

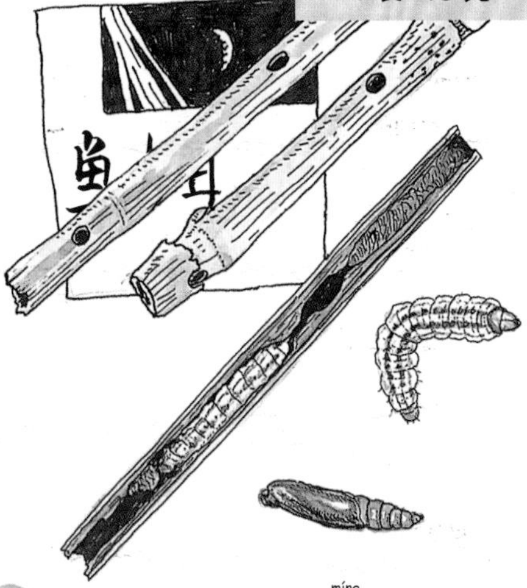

7 鱼饵（甘蔗条螟的幼虫）

23条装 35元

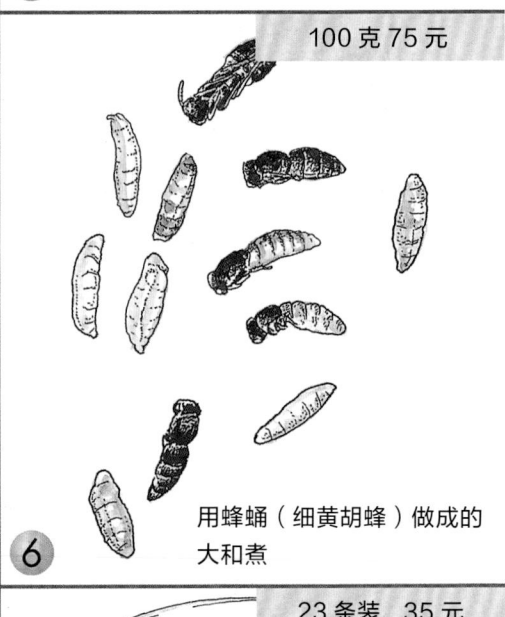

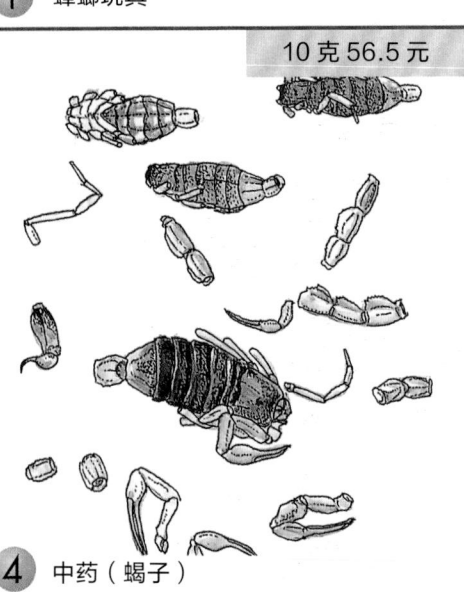

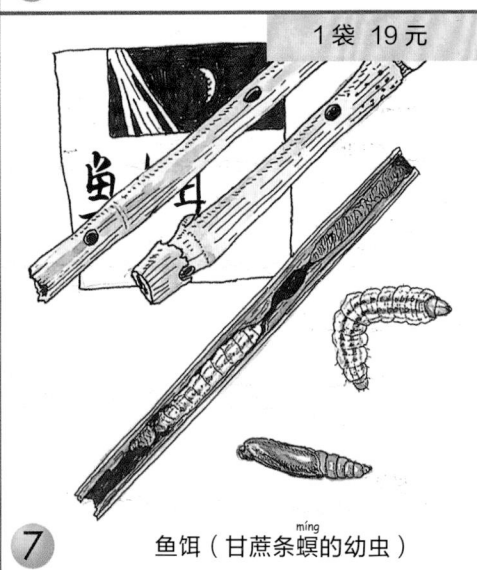

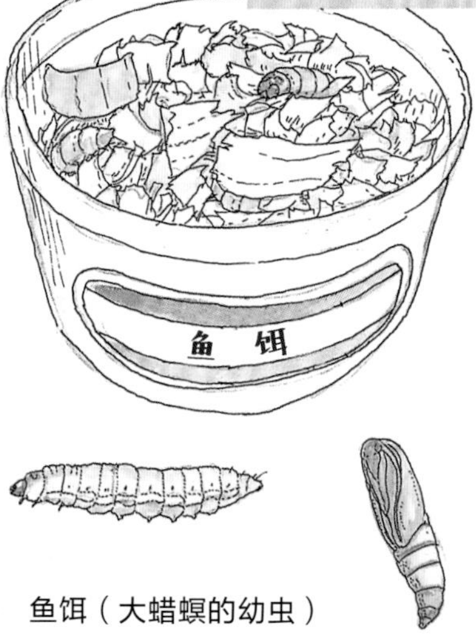

8 鱼饵（大蜡螟的幼虫）

① 佃煮：源自日本佃岛地区的特产。以盐、糖、酱油等烹煮鱼、贝、肉、蔬菜和海藻等，味道浓重，存放期较长。

学校里的蝉蜕地图

看看这张地图，你会了解到蝉的幼虫都喜欢生活在哪里。

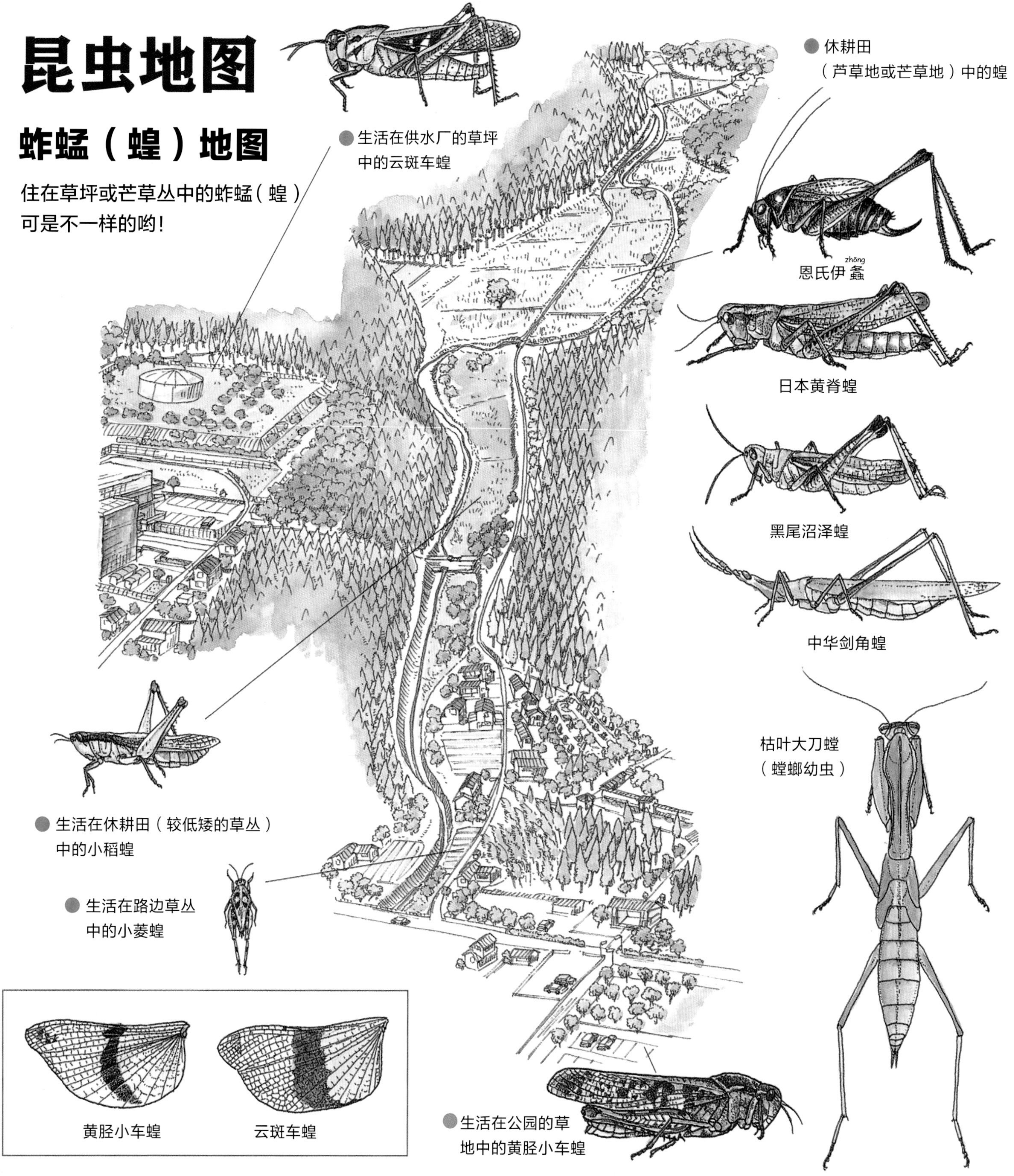
昆虫地图
蚱蜢（蝗）地图
住在草坪或芒草丛中的蚱蜢（蝗）可是不一样的哟！
生活在供水厂的草坪中的云斑车蝗
休耕田（芦草地或芒草地）中的蝗
恩氏伊螽（zhōng）
日本黄脊蝗
黑尾沼泽蝗
中华剑角蝗
枯叶大刀螳（螳螂幼虫）
生活在休耕田（较低矮的草丛）中的小稻蝗
生活在路边草丛中的小菱蝗
黄胫小车蝗
云斑车蝗
生活在公园的草地中的黄胫小车蝗
夏

在杉木林中的沼泽
地里的蜻蜓
角斑黑额蜻蜓留下的壳
寄生在角斑黑额蜻
蜓身上的菌丝形成
的蜻蜓虫草
生活在休耕田里的蜻蜓
休耕田中有大量水虿
（蜻蜓的同类）留下的壳
生活在河的主流附近的蜻蜓
艾氏施春蜓留下的壳
生活在水田旁的小河里
的巨圆臀大蜓留下的壳
蜻蜓地图
生活在池塘边或河边的蜻蜓也
是有不同的种类哟
生活在学校的水池里的蜻蜓
苇尾螅
短尾黄螅
东京狭扇
夏赤蜻
白尾灰蜻
黄基赤蜻

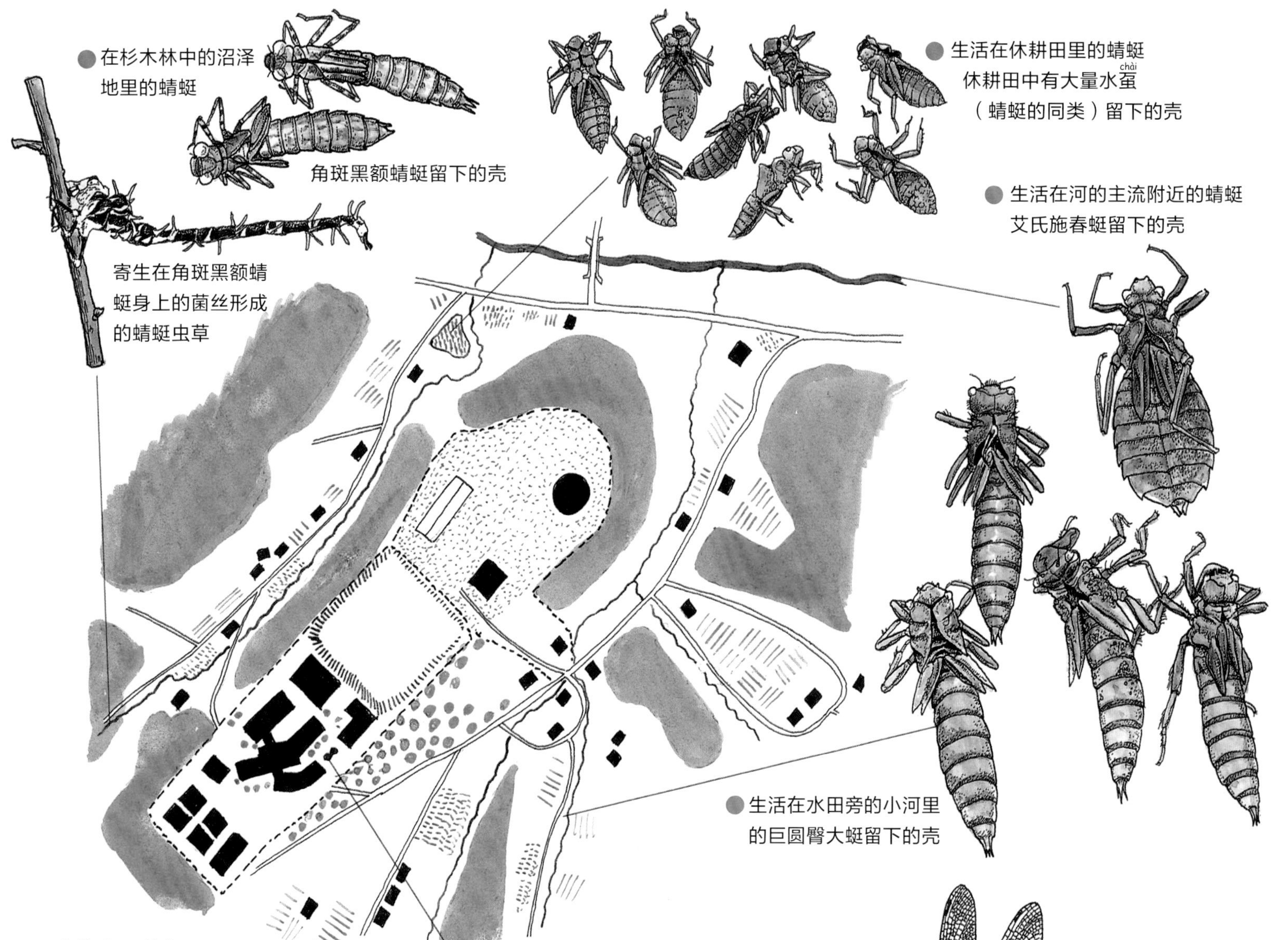

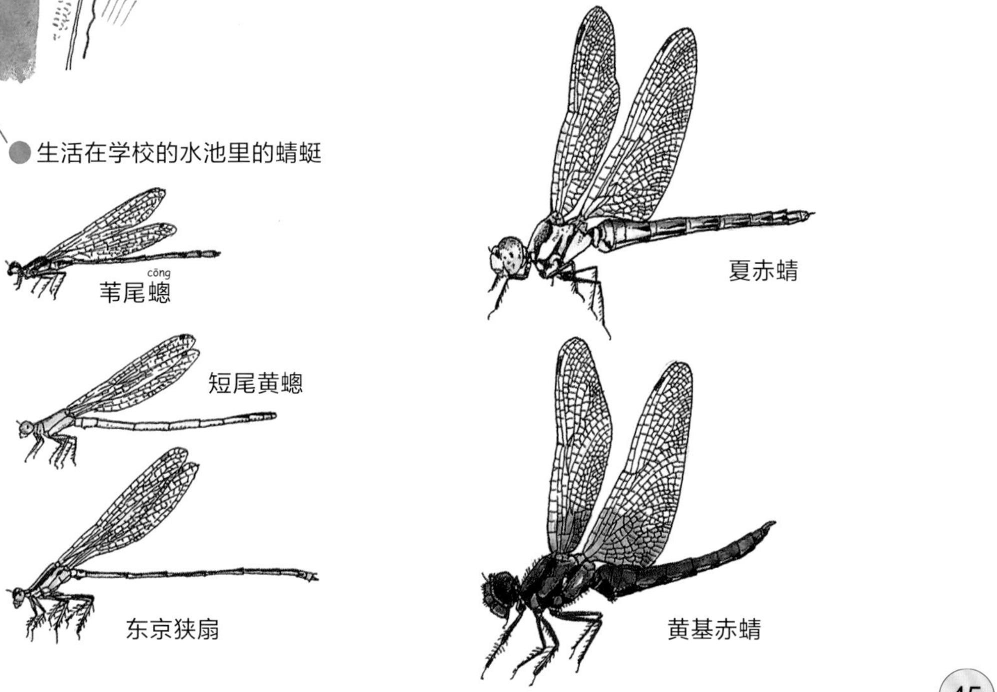

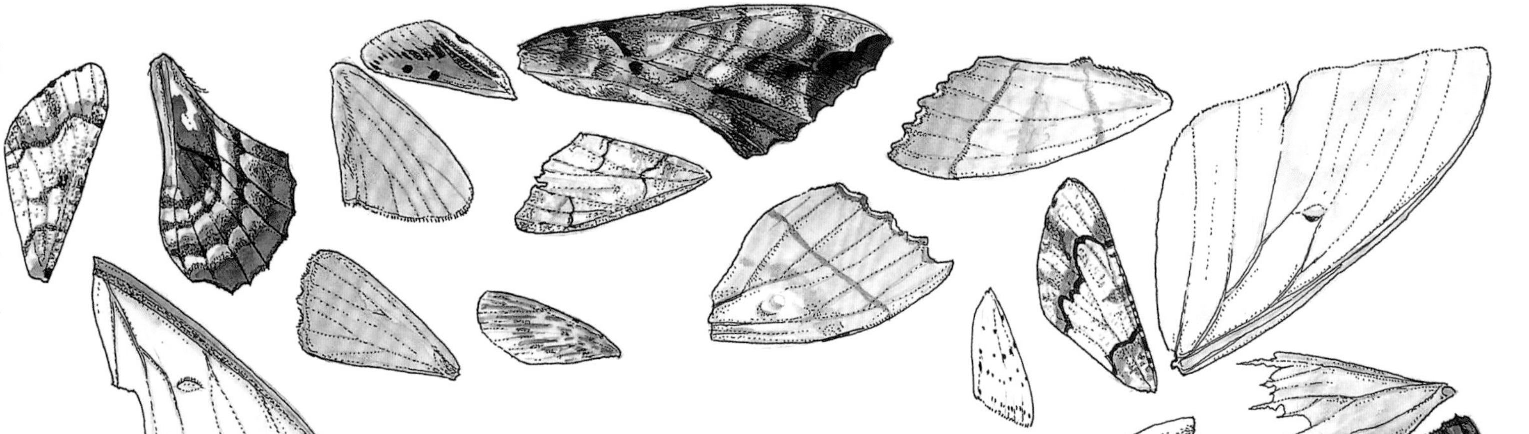

清晨，在街灯附近转转，你会发现很多被鸟吃掉的昆虫留下的残翅。

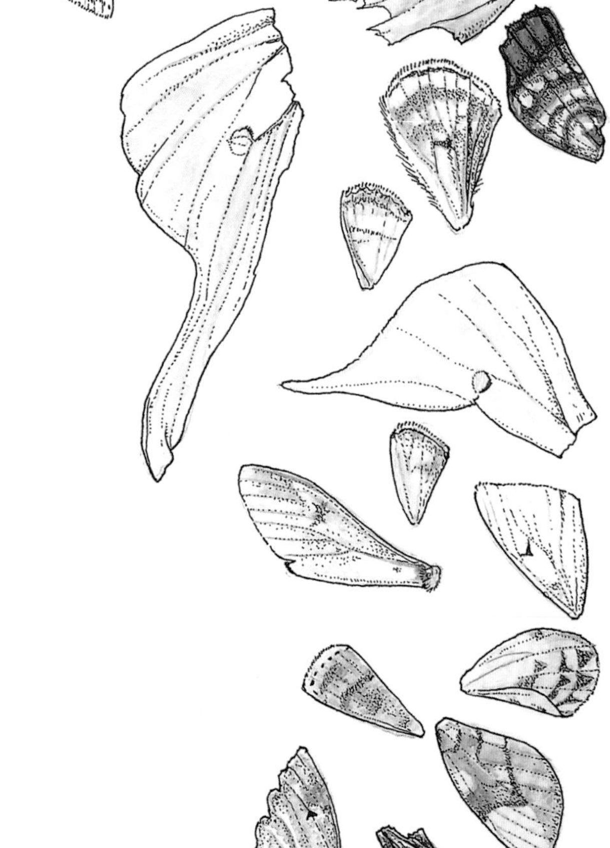

被灯光
引来的昆虫

夏夜里，昆虫们被灯光吸引，聚集到灯下。无论是街心，还是河边，有灯光的地方就会有昆虫。当然，不同地方的灯光吸引来的昆虫也不同。

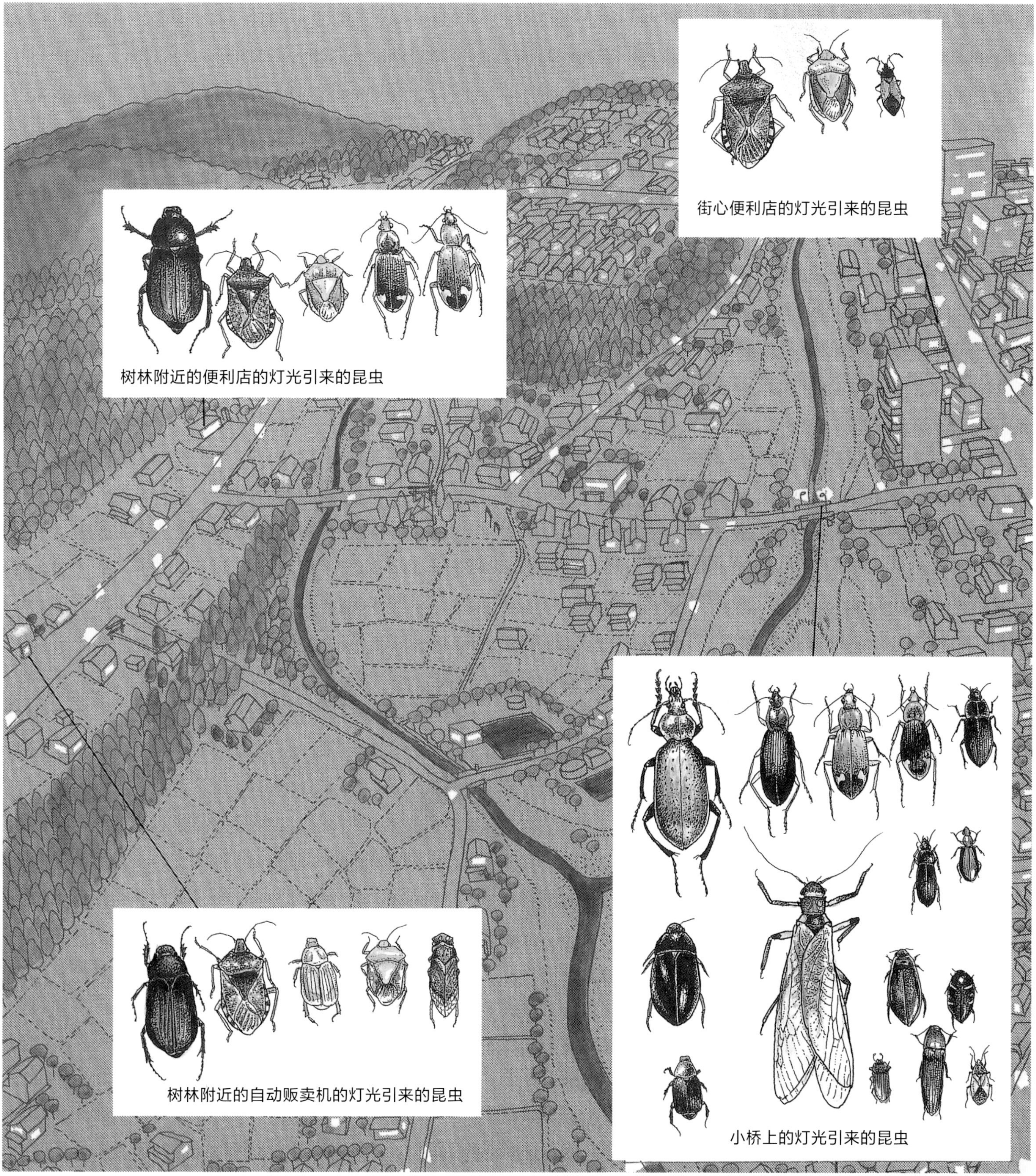
街心便利店的灯光引来的昆虫
树林附近的便利店的灯光引来的昆虫
树林附近的自动贩卖机的灯光引来的昆虫
小桥上的灯光引来的昆虫

漂亮的虫卵

虫卵可不都是圆形的。拿放大镜把虫卵放大来看，原来虫卵也是形态各异的。

日本翠灰蝶的卵一般都附着在杂木林中的枹栎树枝上

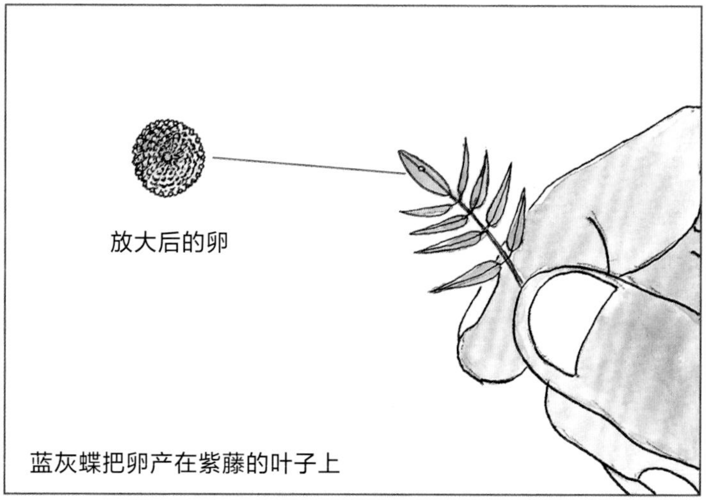

蓝灰蝶把卵产在紫藤的叶子上

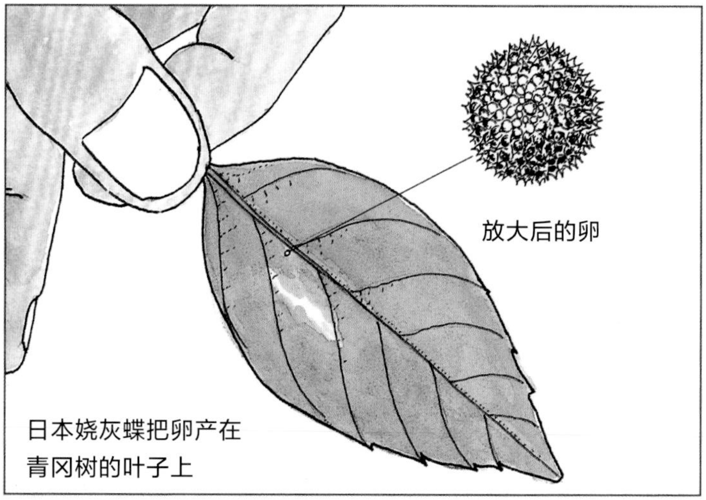

日本娆灰蝶把卵产在青冈树的叶子上

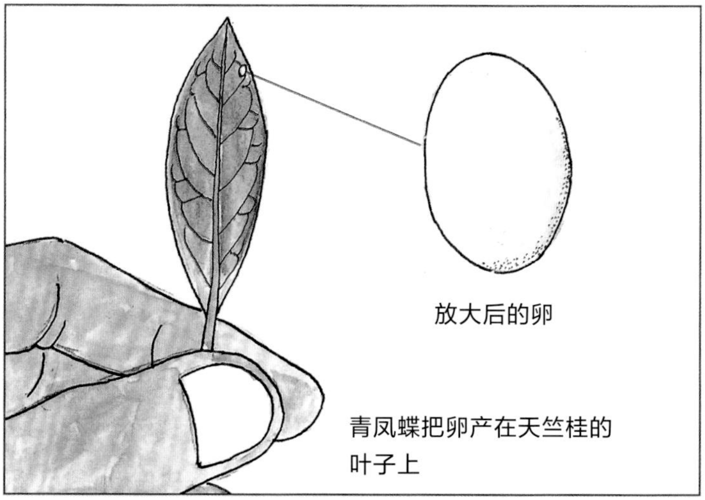

青凤蝶把卵产在天竺桂的叶子上

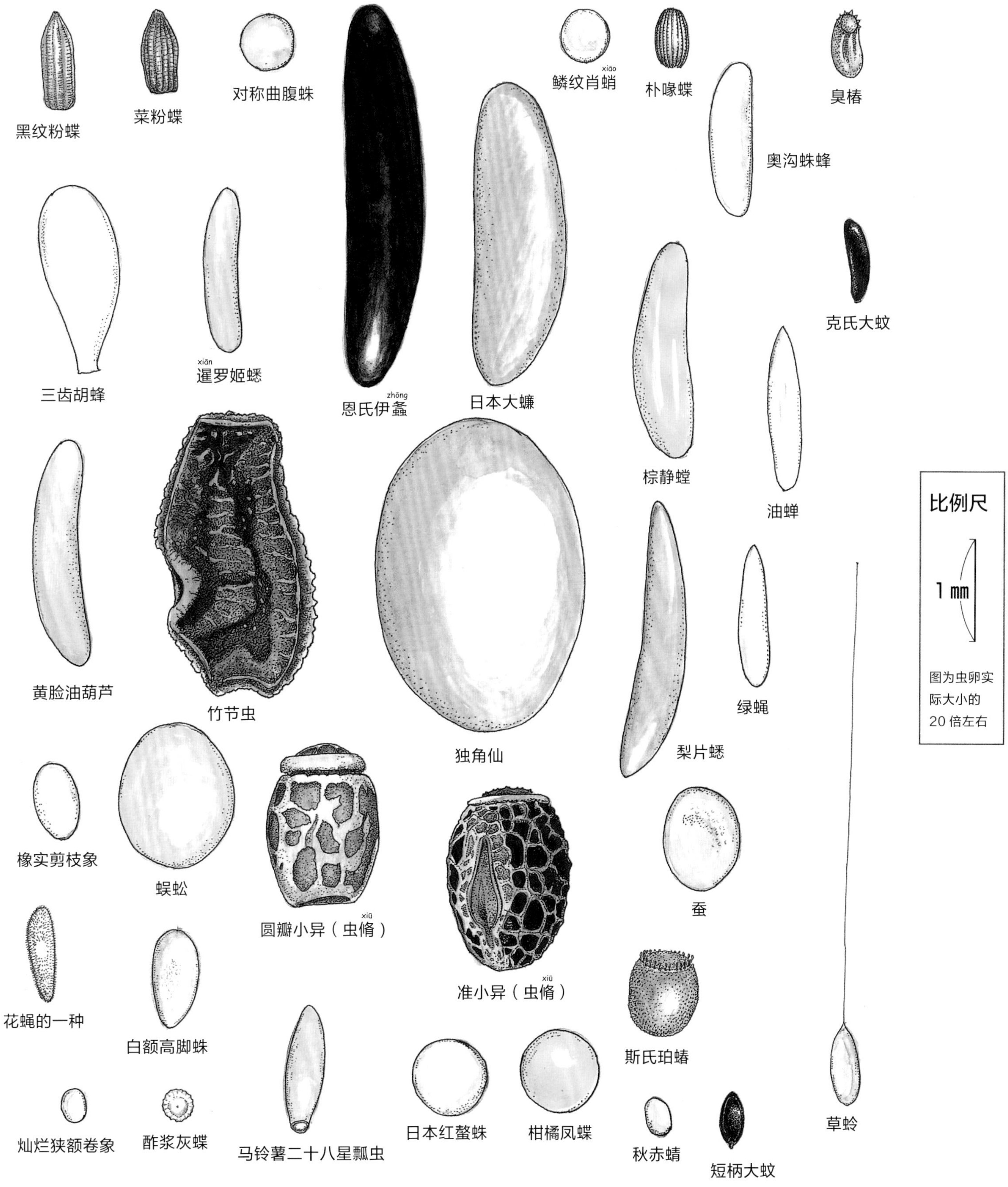

黑纹粉蝶
菜粉蝶
对称曲腹蛛
xiāo
鳞纹肖蛸
朴喙蝶
臭椿
奥沟蛛蜂
三齿胡蜂
xiān
暹罗姬蟋
zhōng
恩氏伊螽
日本大蠊
克氏大蚊
棕静螳
油蝉
比例尺
1 mm
图为虫卵实际大小的20倍左右
黄脸油葫芦
竹节虫
独角仙
梨片蟋
绿蝇
橡实剪枝象
蜈蚣
xiū
圆瓣小异（虫脩）
蚕
xiū
准小异（虫脩）
花蝇的一种
白额高脚蛛
斯氏珀蝽
灿烂狭额卷象
酢浆灰蝶
马铃薯二十八星瓢虫
日本红螯蛛
柑橘凤蝶
秋赤蜻
短柄大蚊
草蛉

奇怪的叶子

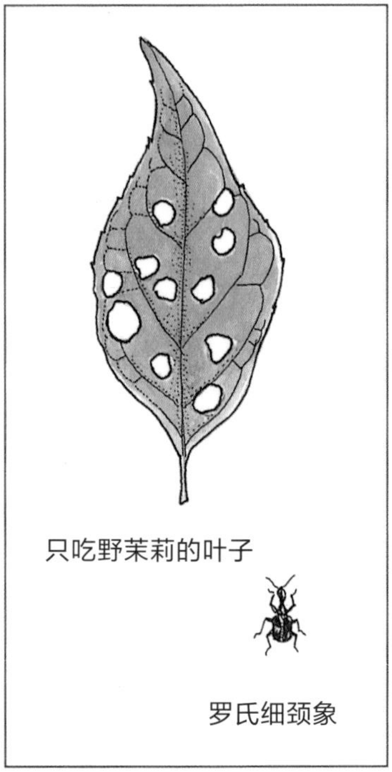

在昆虫家族里，有守秩序的“好公民”，也有不守规矩的“捣蛋鬼”，它们的饮食习惯截然不同——从它们吃过的叶子就能看出来。有的昆虫对食物有特殊的偏好，有的昆虫什么都吃。当然，即便是那些有特殊偏好的虫子，大自然也能让它们好好地长大。

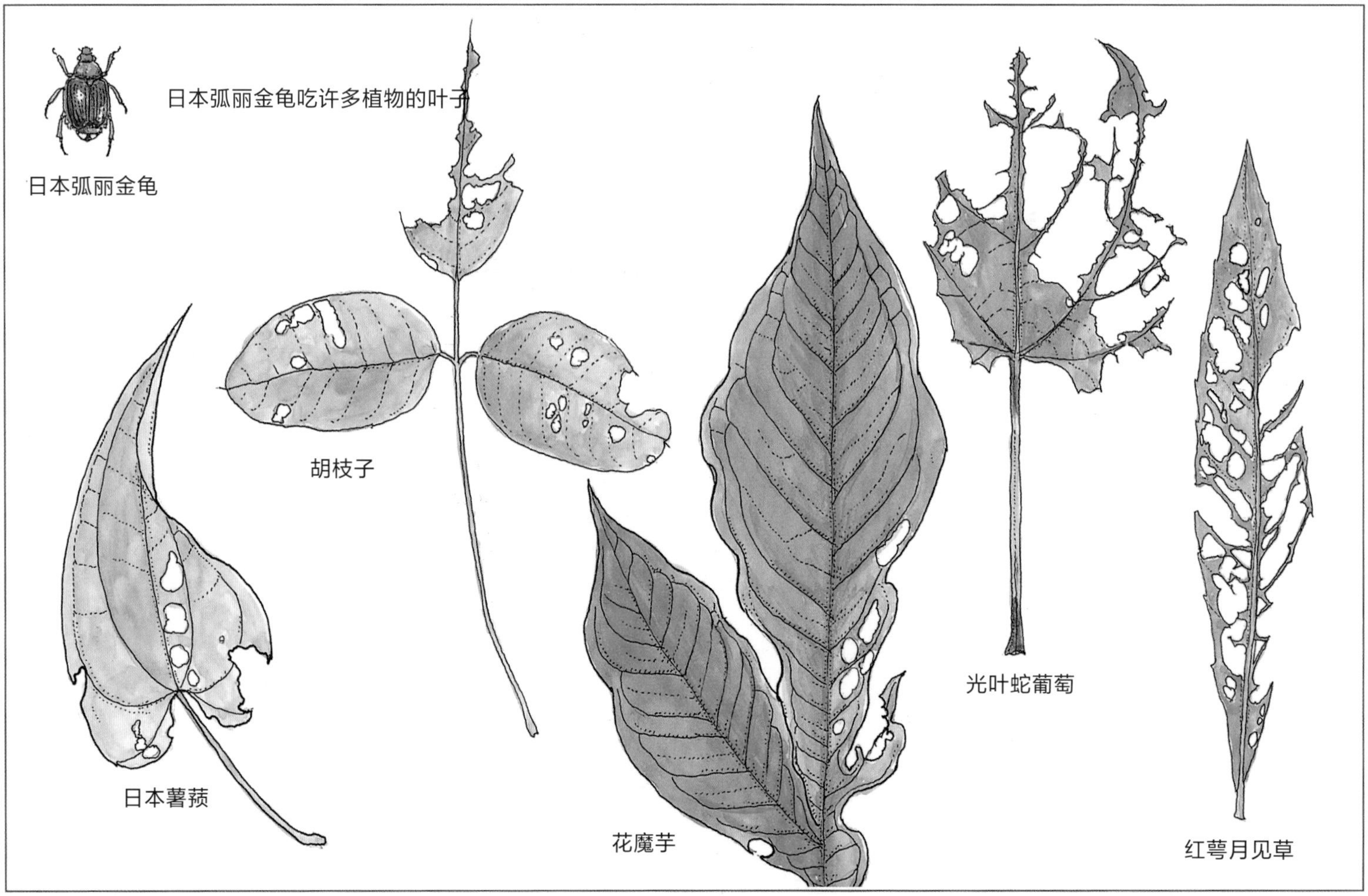

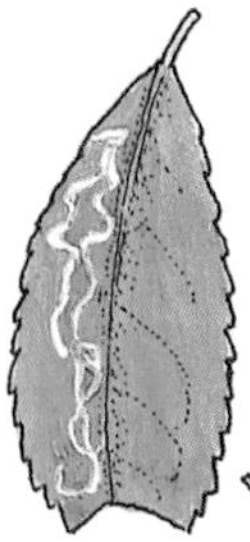

潜蝇的同类的幼虫，
吃柃木的叶子的中央部分。

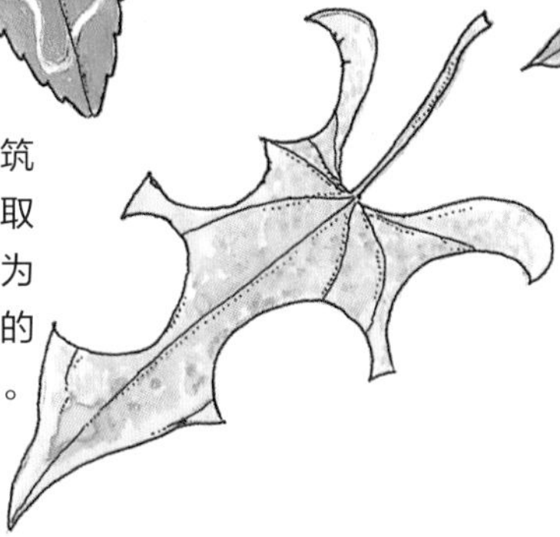

月季切叶蜂为了筑巢，会用口器切取植物的叶子。图为月季切叶蜂咬过的日本薯蓣的叶子。

棉蚜在榉叶上制造出的虫瘤。棉蚜在虫瘤中吸取榉叶的养分。

不同的吃法
吃剩下的不同形状的叶子

瘿螨在朴树的叶子上制造出的虫瘤。

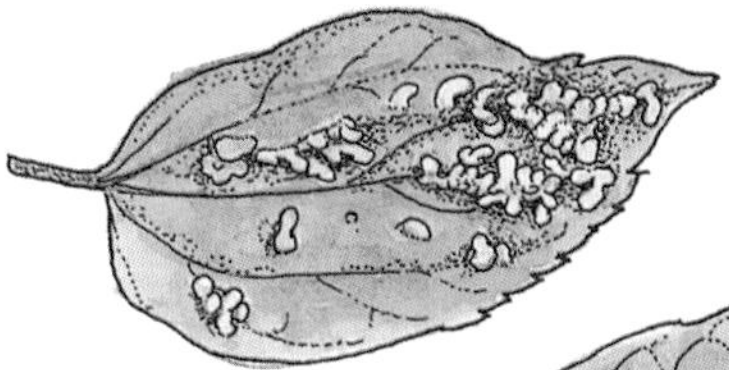

瘿螨在小叶青冈的叶子上制造出的虫瘤。

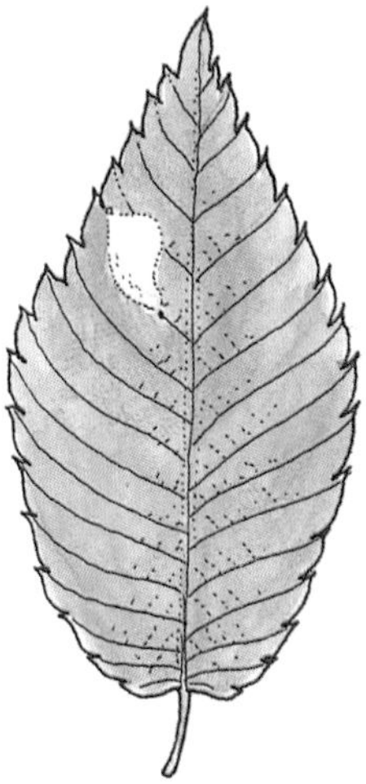

这片叶子的中央部分被吉丁虫的幼虫咬过。

黑弄蝶的幼虫咬过的日本薯蓣的叶子。幼虫可以把叶子弄弯并藏在里面。

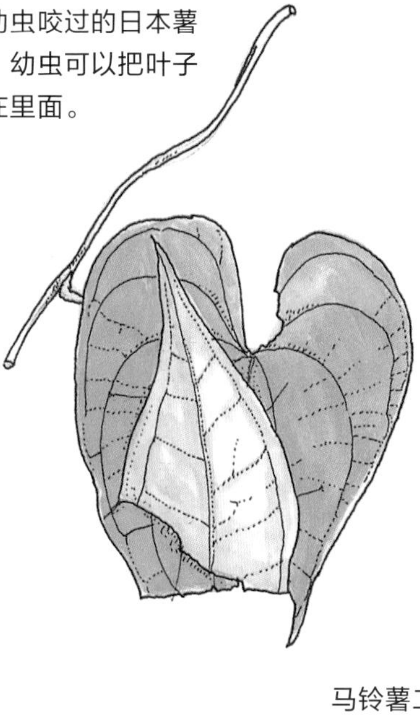

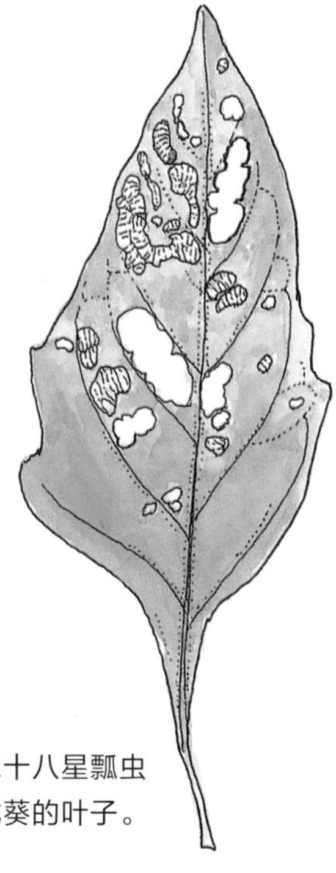

马铃薯二十八星瓢虫咬过的龙葵的叶子。

寄生在昆虫上的菌类

夏天，沿着小河趟水而行……

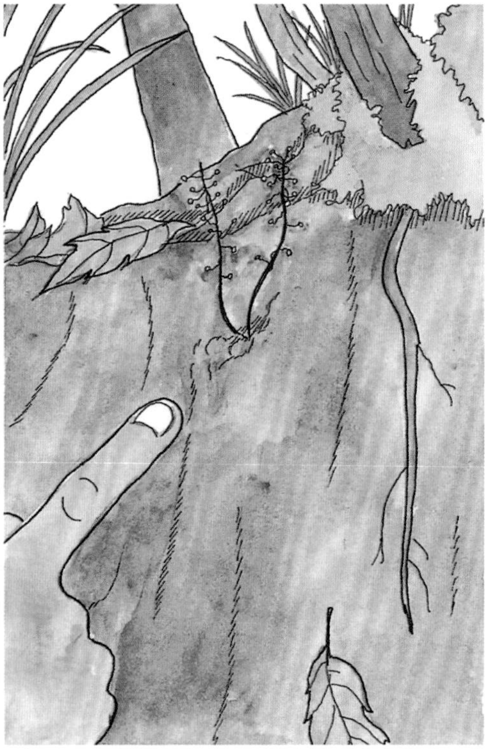

咦？河堤的泥土里好像长着什么东西。
挖出来看看！

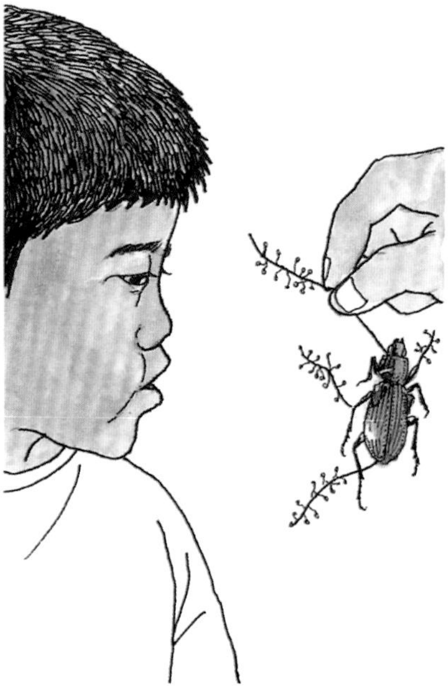

哇，土里居然也能挖出虫子来！

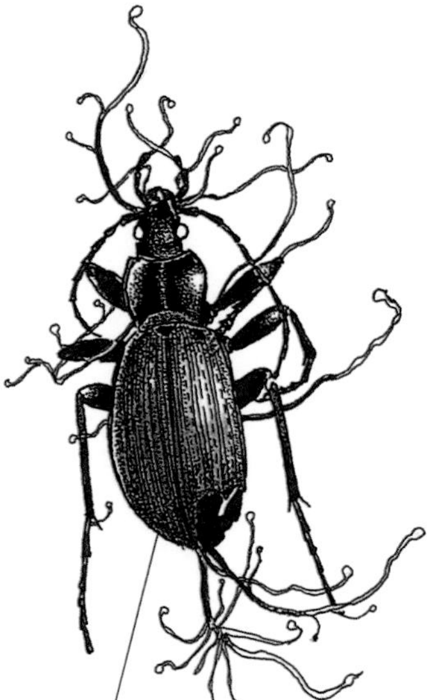

小黑步甲江崎亚种

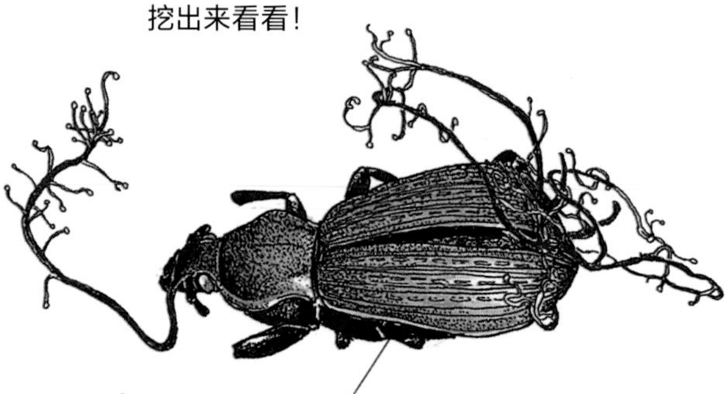

沟步甲

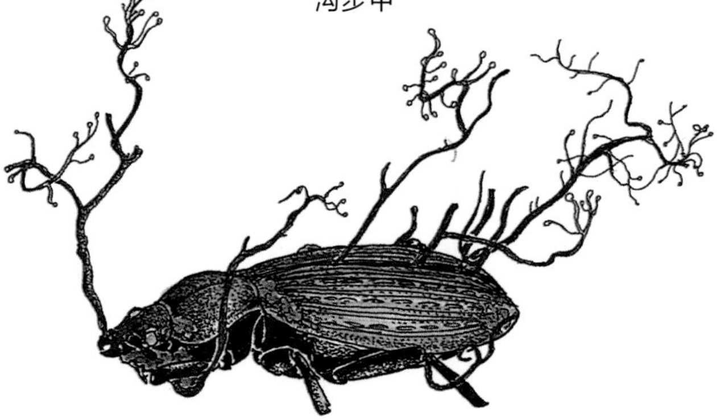

寄生在步甲上的虫草

我们知道，菌类一般都生长在朽木上或土里，可是你知道吗？有些菌类是可以寄生在虫子身上的！这些菌类就是虫草的同类。虫草就是菌丝体寄生在昆虫身上，把昆虫杀死后，再吸收它的养分慢慢长大的。想找虫草的话，最好去河边或树林等水分充足的地方。此外，大部分的虫草每年都会在固定的地方生长哟。

虫草图鉴

每种虫草寄生的昆虫是固定的，但生存的地方却有所区别。

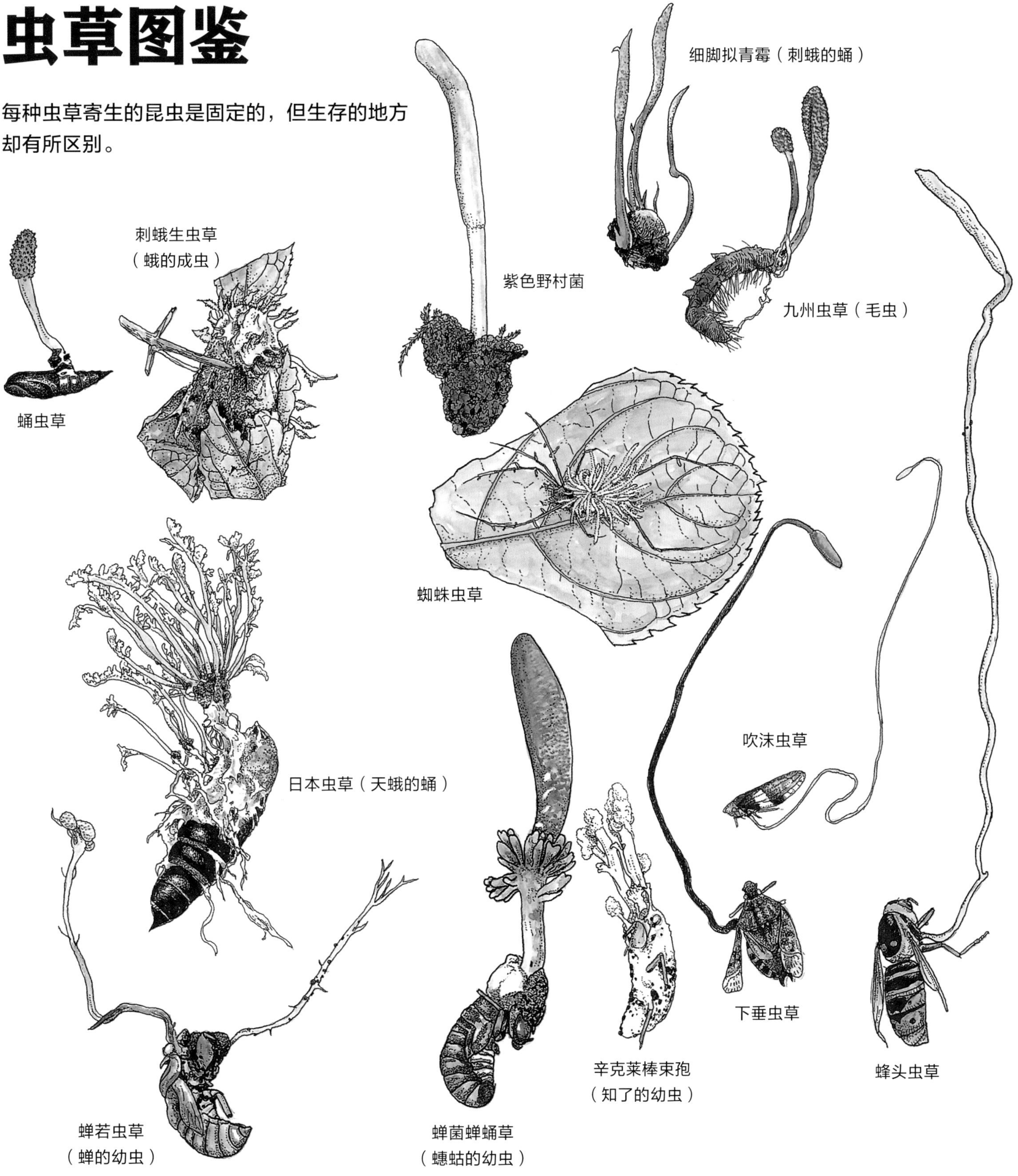

夏天里的收藏
栗树
橡实剪枝象
枹栎
凸星花金龟寄居过的
枹栎果实
被树液吸引来的
睇暮眼蝶
被树液吸引来的
直莫锹甲
被树液吸引来的
日本锯锹甲
被掉落的柿子
引来的粪金龟
柿
产卵后的
剪枝栎实象
掉落的柿子
野茉莉
xùn
突眼蕈象
凸星花金龟
被掉落的柿子引
来的
戈氏荫眼蝶
产卵后的突眼蕈象
麻栎树上的虫瘤
麻栎
被树液吸引来的
独角仙
wú
鼯鼠咬过的麻栎果实

秋

我们经常说秋天是一个硕果累累的季节，
其实，动物们也在等待着秋天成熟的果实呢！

寻找果实

到了秋天，无论树还是草，都会结出果实或种子。
这些果实或种子形态各异，五彩斑斓。

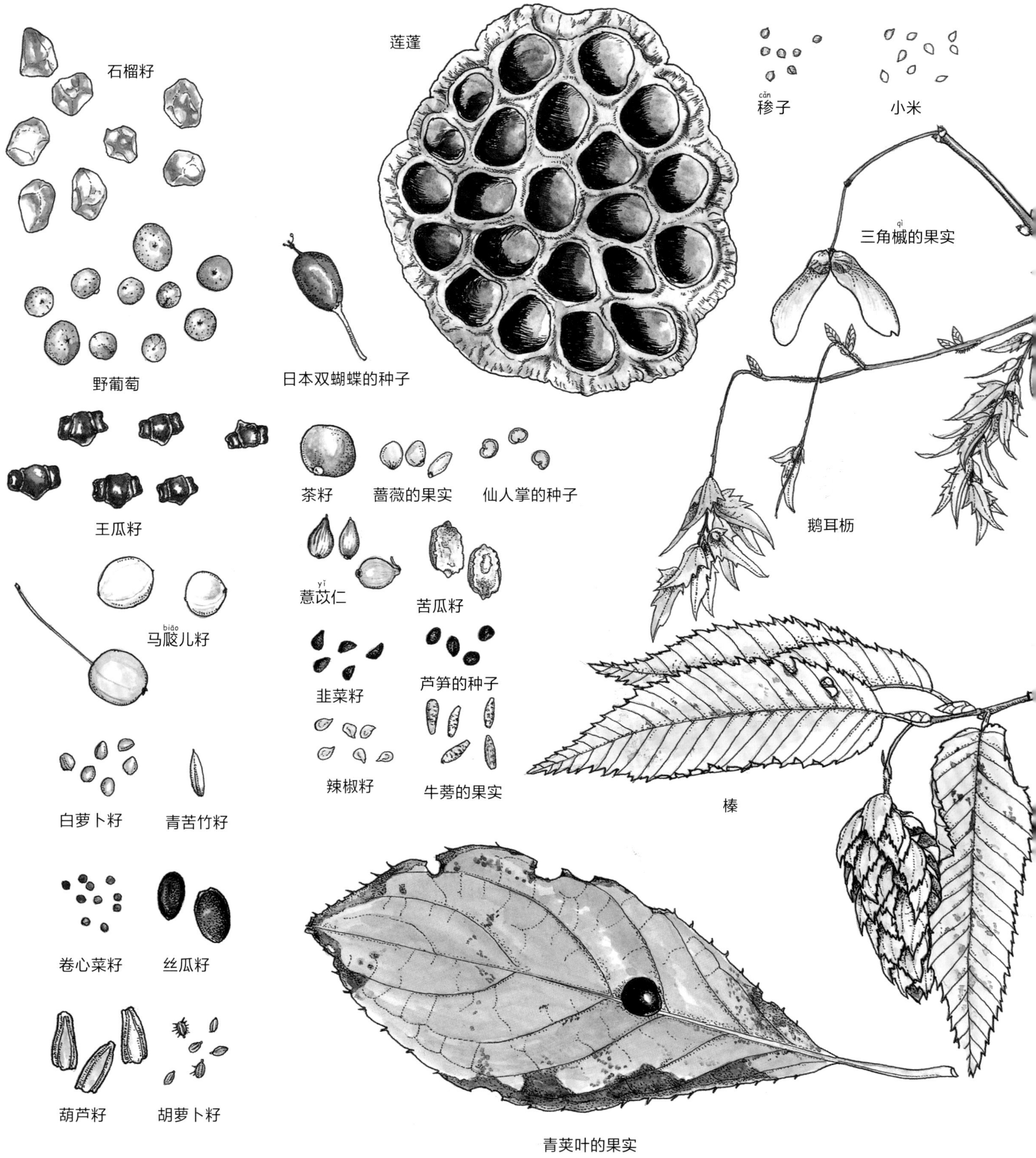

石榴籽
莲蓬
cǎn
穇子
小米
qì
三角槭的果实
野葡萄
日本双蝴蝶的种子
王瓜籽
茶籽
蔷薇的果实
仙人掌的种子
鹅耳枥
yǐ
薏苡仁
苦瓜籽
biāo
马瓟儿籽
韭菜籽
芦笋的种子
辣椒籽
牛蒡的果实
榛
白萝卜籽
青苦竹籽
卷心菜籽
丝瓜籽
葫芦籽
胡萝卜籽
青荚叶的果实

红色的果实

让我们只收集那些红色的果实来看看吧！在它们之中，即便是王瓜的果实也并不是从一开始就是红色的。植物的果实变成红色，其实就是在告诉大家“我可以吃了哦！”

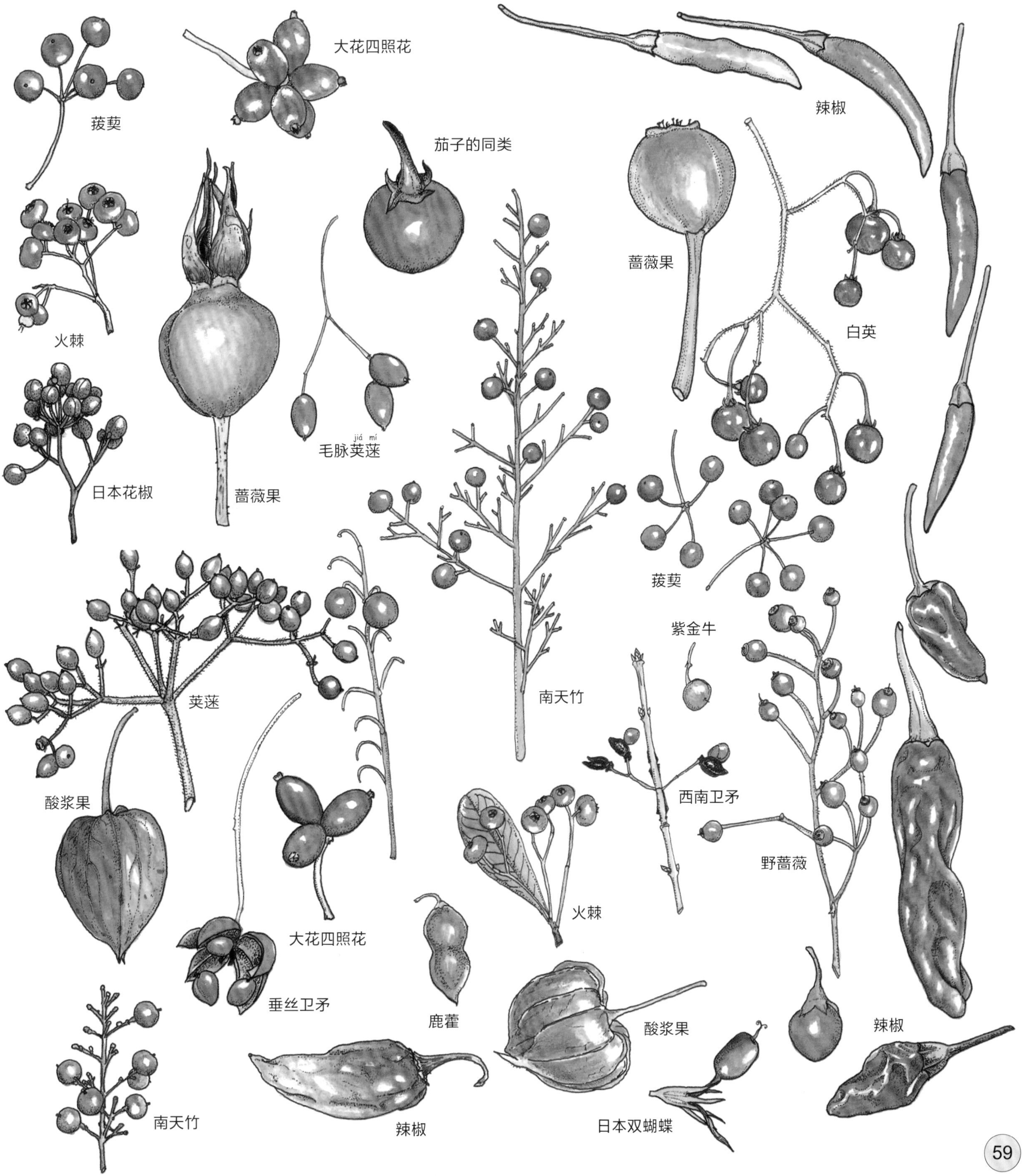

大花四照花
菝葜
辣椒
茄子的同类
火棘
蔷薇果
白英
jiá mí
毛脉荚蒾
日本花椒
蔷薇果
菝葜
紫金牛
荚蒾
南天竹
酸浆果
西南卫矛
野蔷薇
火棘
大花四照花
垂丝卫矛
鹿藿
酸浆果
辣椒
南天竹
辣椒
日本双蝴蝶

给橡实比个子

即使是同一种类的栗子或橡实，只要我们仔细观察，就会发现它们的个头其实也不一样呢！

去捡橡实啦！

是从这棵树上掉落的果实呀！

收获满满呢！

市场上贩卖的栗子

长在山林里的栗子

同样是长在山林里的栗子

糖炒栗子（板栗）

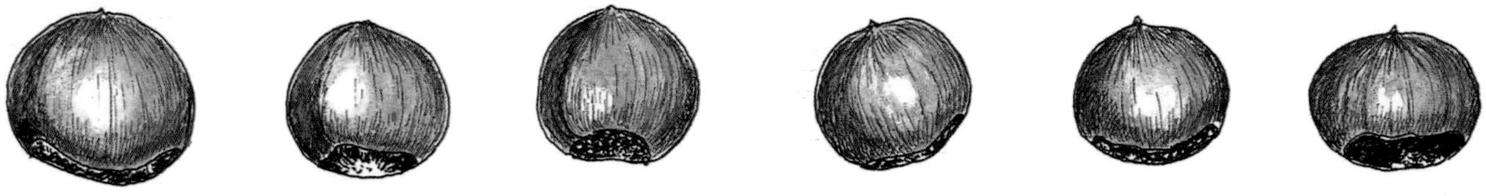

可食柯的果实

可食柯的果实形状会根据树的不同而有所不同。

即使到了冬天，叶子仍然是绿色，不会凋落。

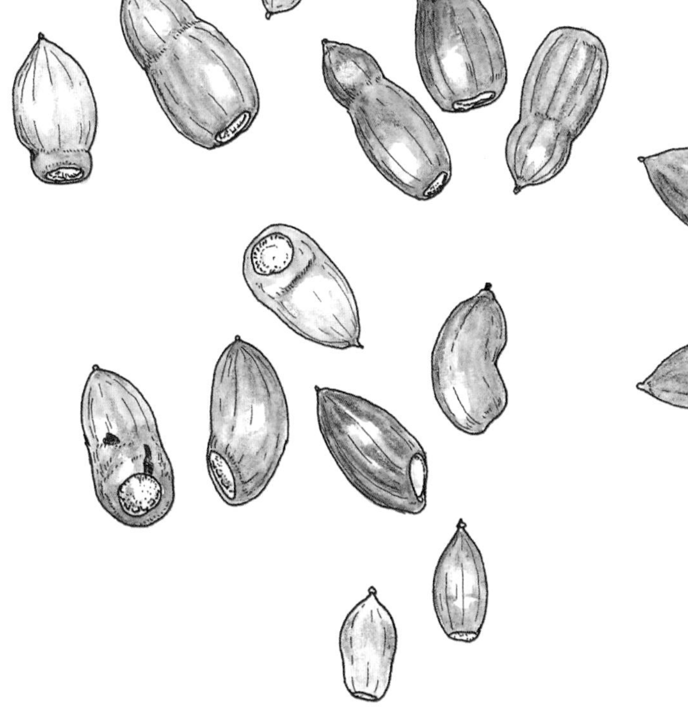

橡实图鉴

我们在杂木林中常常看到的是枹栎或麻栎，而米槠、青冈和白栎木这些树一般会在神社中见到。

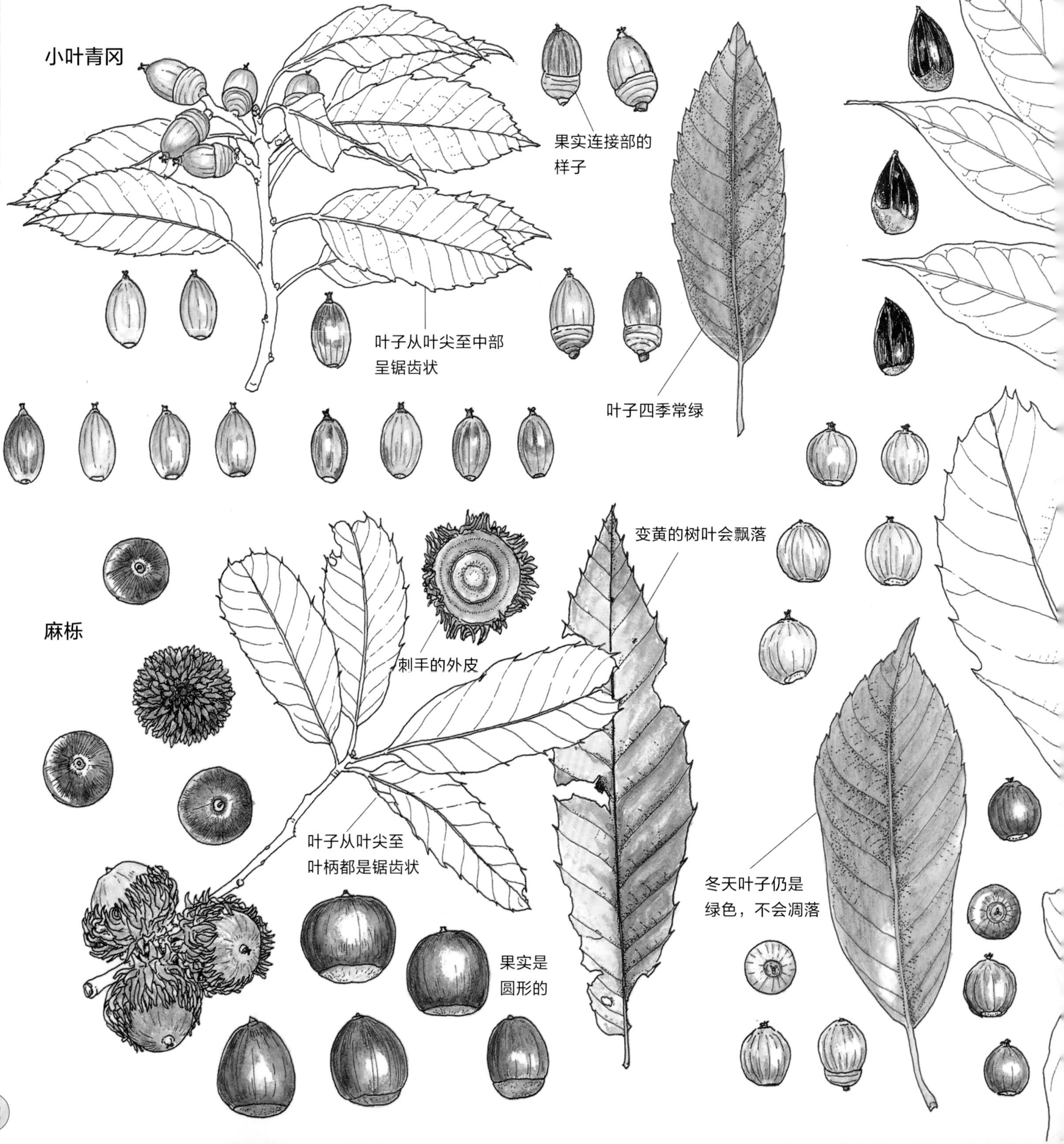
小叶青冈
果实连接部的样子
叶子从叶尖至中部呈锯齿状
叶子四季常绿
麻栎
刺手的外皮
变黄的树叶会飘落
叶子从叶尖至叶柄都是锯齿状
果实是圆形的
冬天叶子仍是绿色，不会凋落

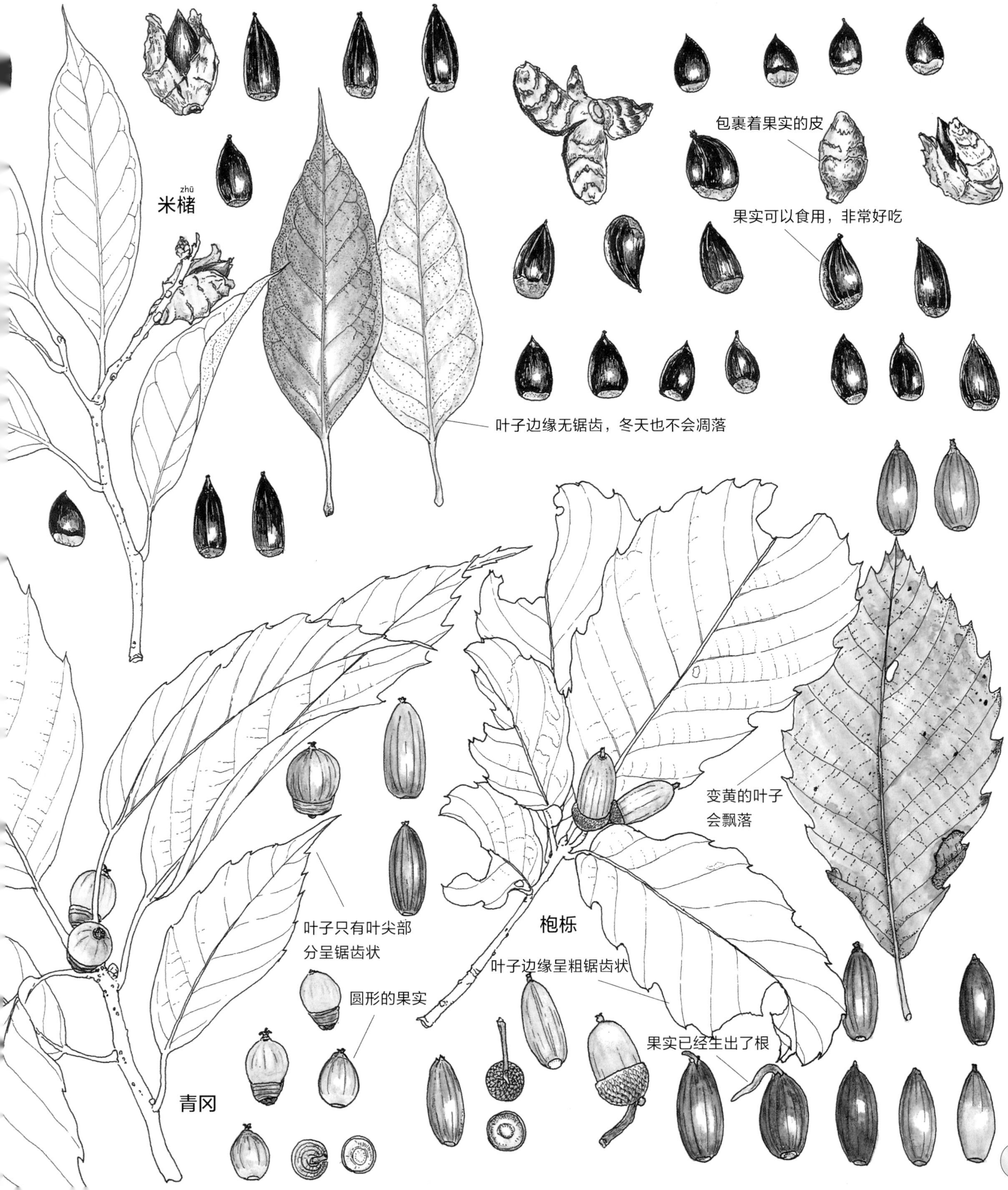
zhū
米槠
包裹着果实的皮
果实可以食用，非常好吃
叶子边缘无锯齿，冬天也不会凋落
变黄的叶子
会飘落
叶子只有叶尖部
分呈锯齿状
枹栎
叶子边缘呈粗锯齿状
圆形的果实
果实已经生出了根
青冈

胡桃和老鼠

不同的小动物喜欢的果实也不一样。
老鼠就非常喜欢吃胡桃。

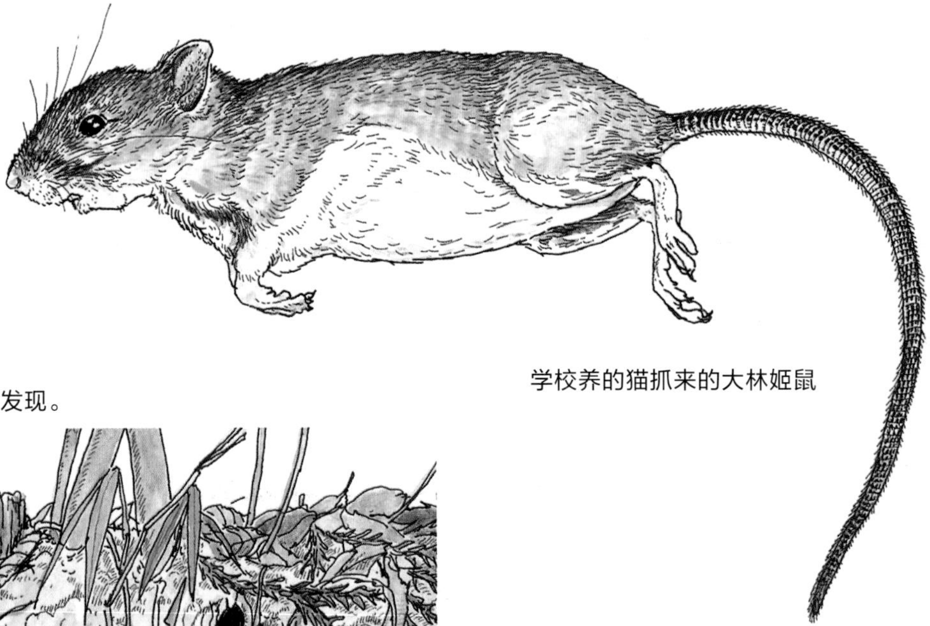

学校养的猫抓来的大林姬鼠

大林姬鼠的巢穴，在林间小路边的土层下经常可以发现。

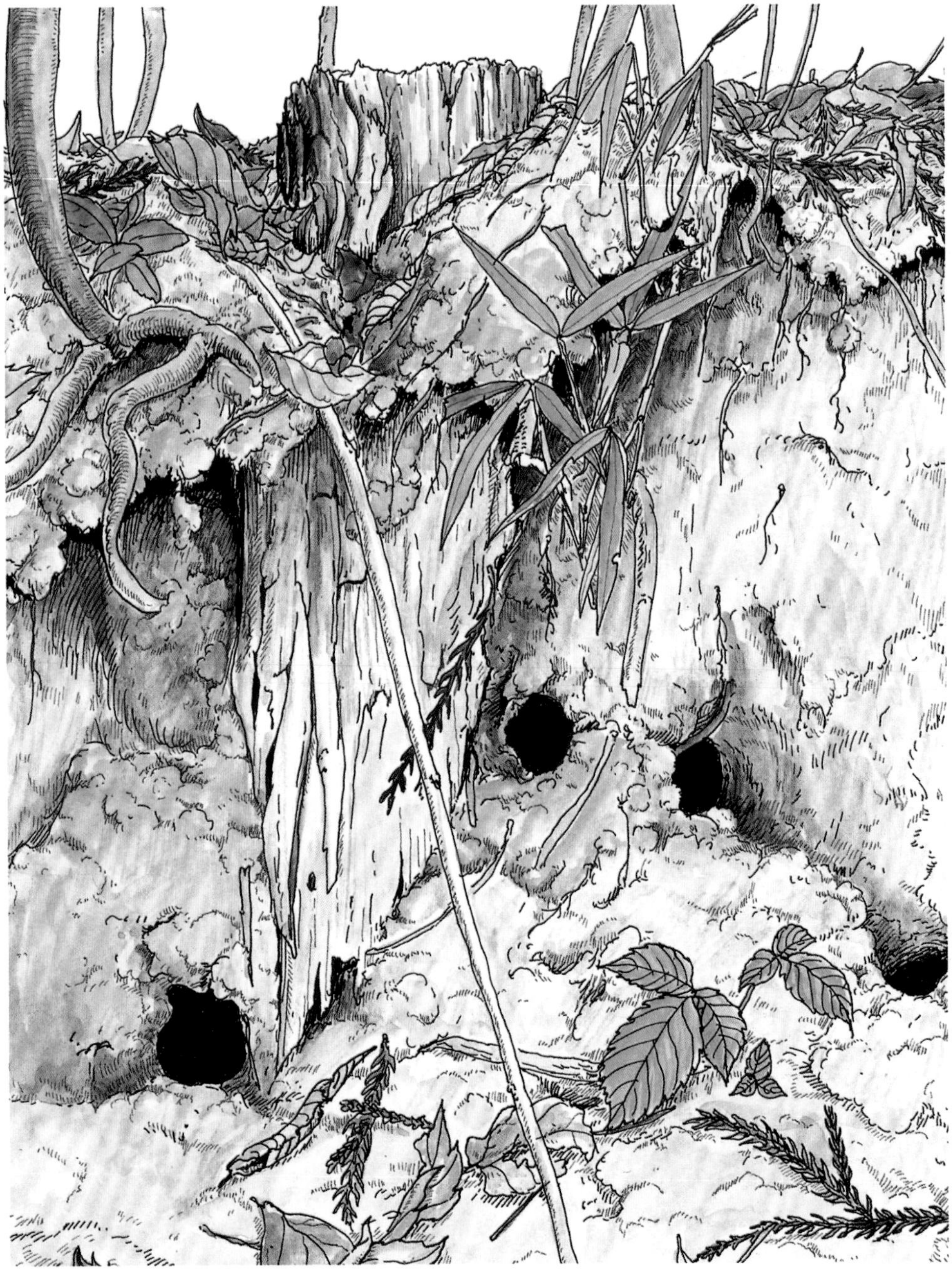

胡桃内层的果皮非常坚硬，人类在不利用锤子等工具的情况下很难打开它。而大林姬鼠或松鼠却可以用牙齿在胡桃坚硬的壳上咬出洞，然后把里面的果仁掏出来吃。当然，大林姬鼠或松鼠所做的可不仅仅是吃胡桃果实这么简单！它们还会把果实埋到地里——这样就帮助胡桃树完成了播种的任务。

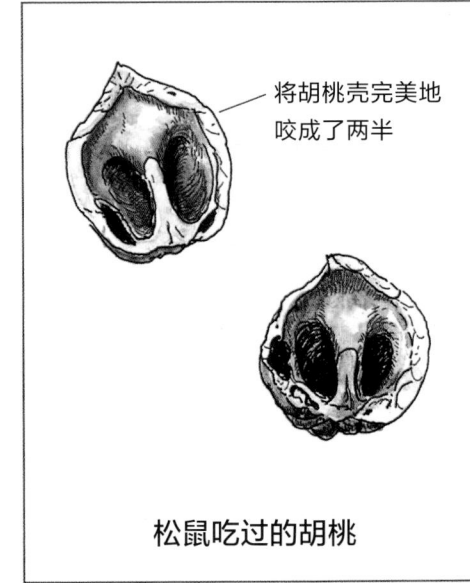

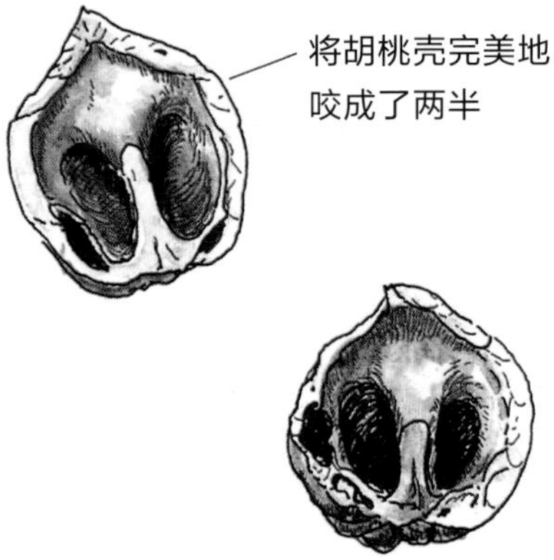
将胡桃壳完美地咬成了两半

松鼠吃过的胡桃

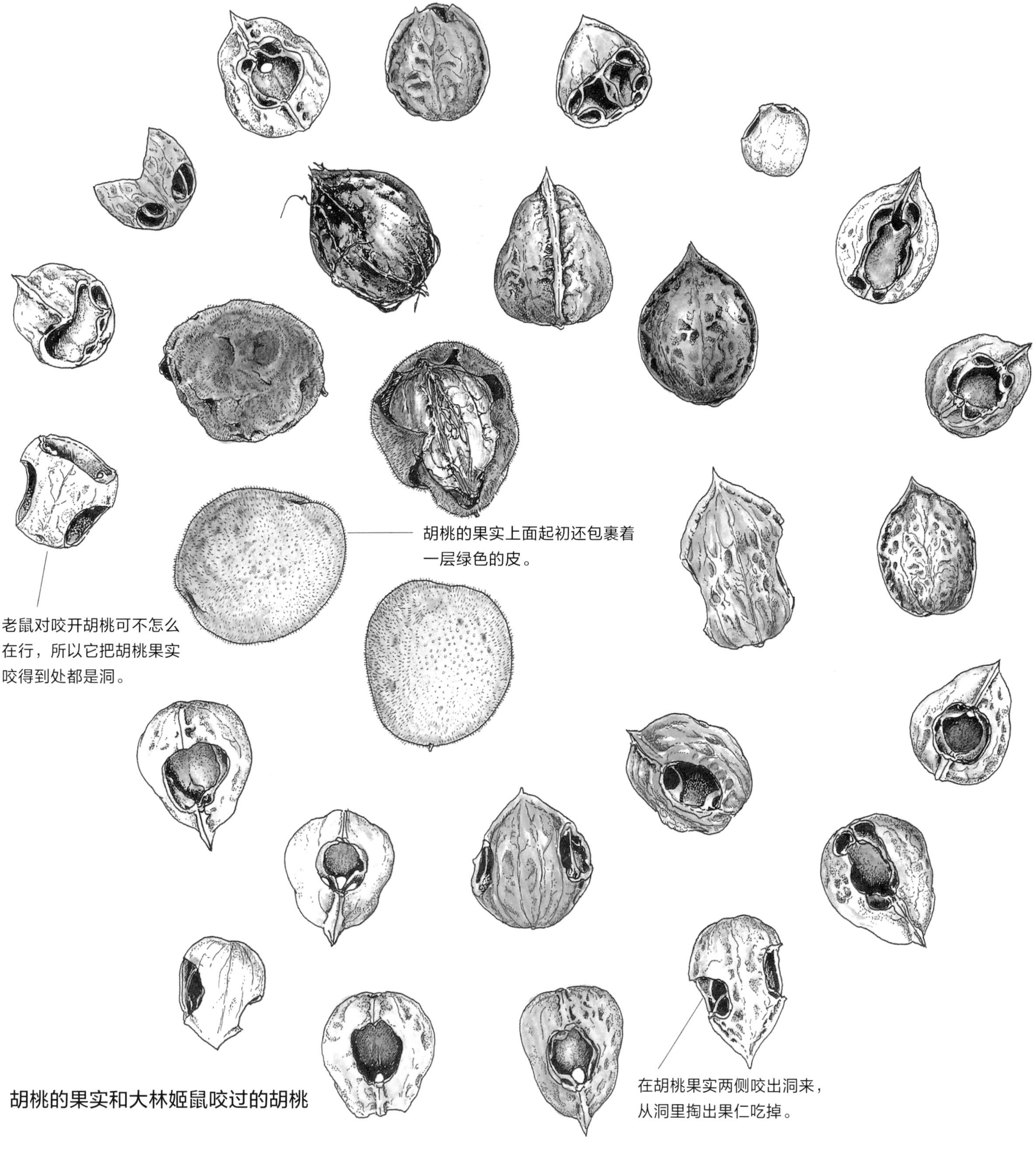
胡桃的果实上面起初还包裹着
一层绿色的皮。
老鼠对咬开胡桃可不怎么
在行，所以它把胡桃果实
咬得到处都是洞。
在胡桃果实两侧咬出洞来，
从洞里掏出果仁吃掉。

胡桃的果实和大林姬鼠咬过的胡桃

貉的餐桌

树林中，小动物们的粪便已经堆得像小山那么高了。图中出现的就是貉的粪便。貉有一个习性，就是把粪便排泄在固定的地方。所以，只要研究一下貉的粪便，我们就可以清楚地知道貉吃过哪些东西。

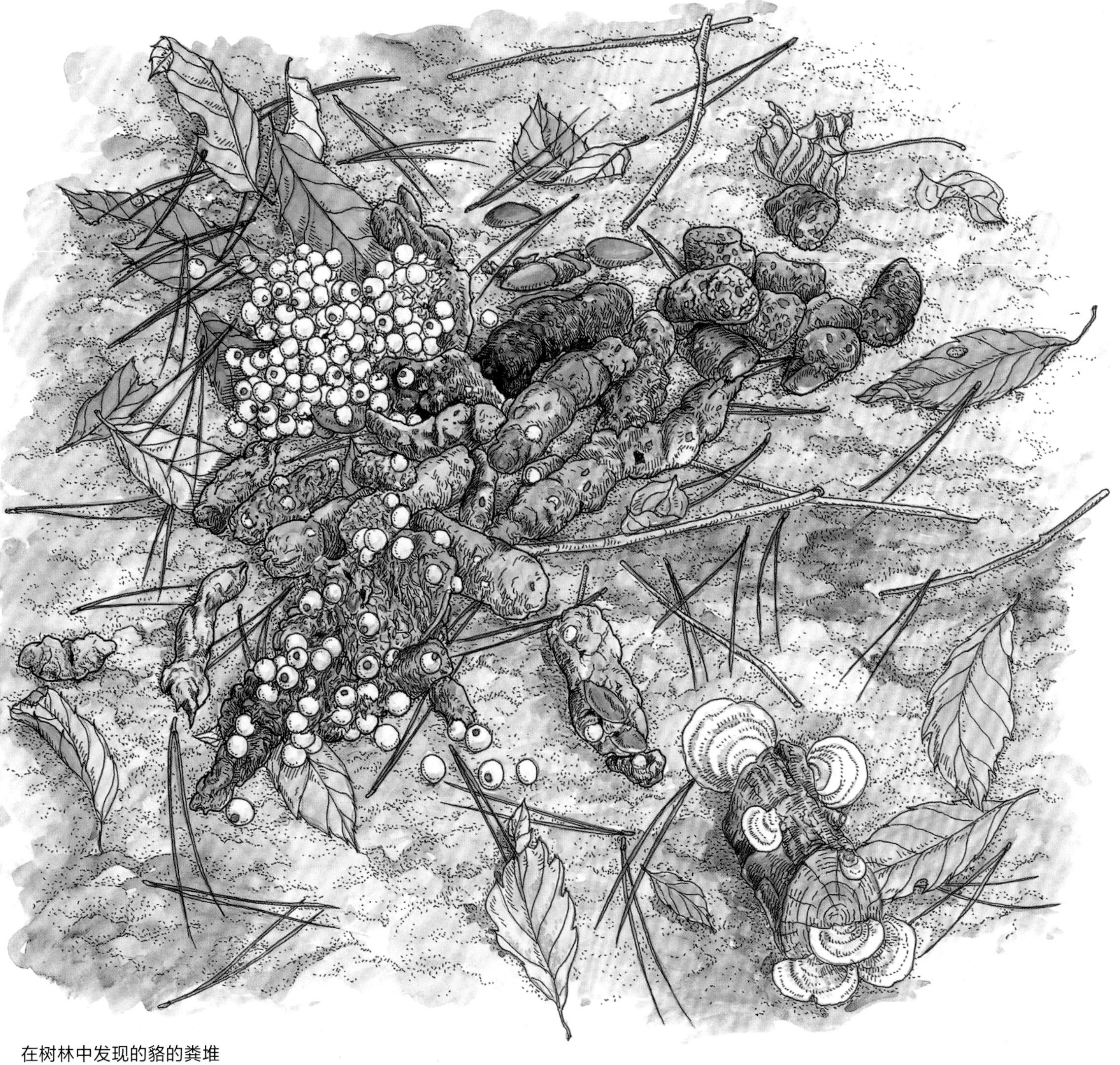

在树林中发现的貉的粪堆

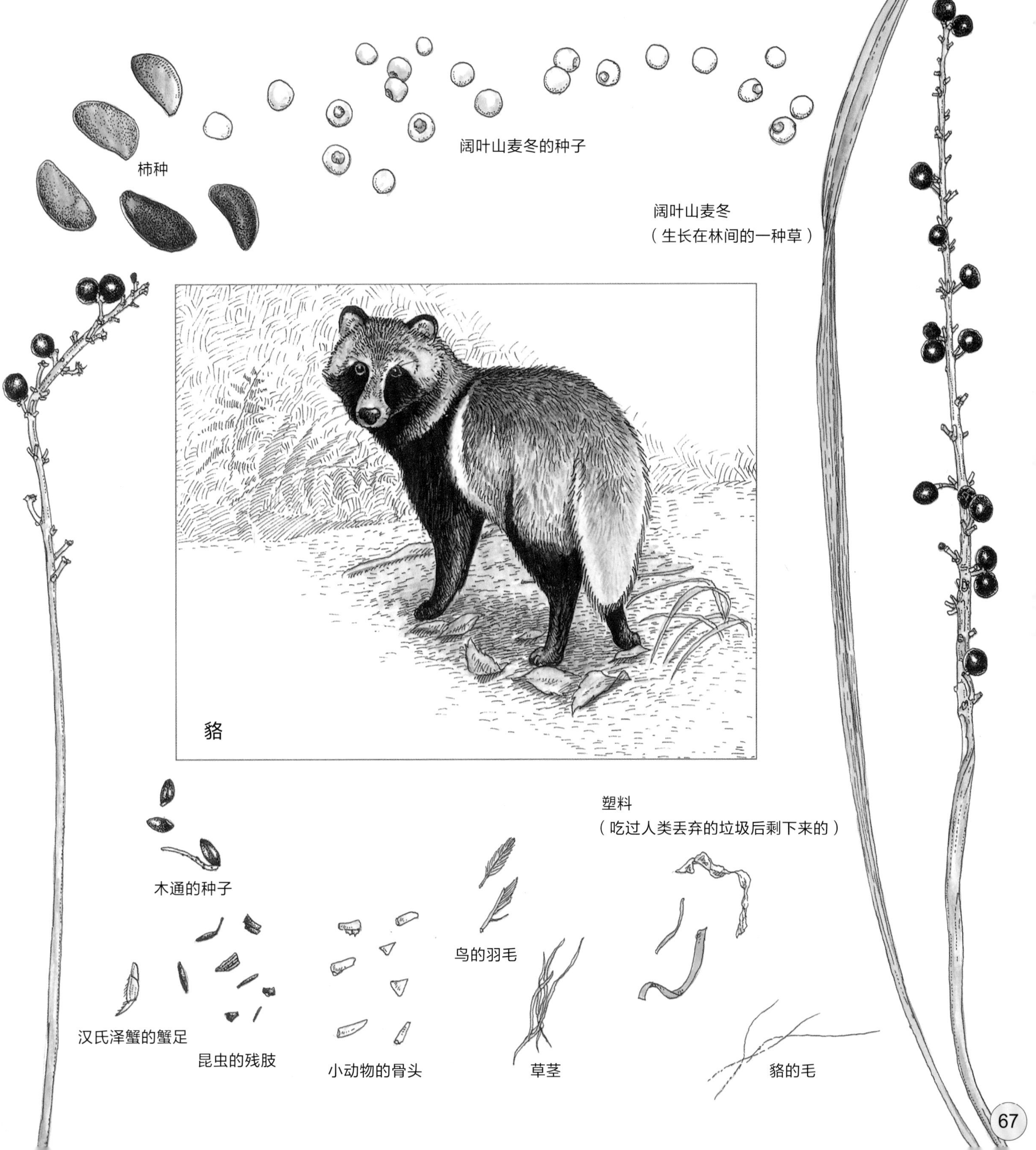
在貉的粪堆中发现的东西
柿种
阔叶山麦冬的种子
阔叶山麦冬
（生长在林间的一种草）
貉
塑料
（吃过人类丢弃的垃圾后剩下来的）
木通的种子
鸟的羽毛
汉氏泽蟹的蟹足
昆虫的残肢
小动物的骨头
草茎
貉的毛

寺院里的住户

在寺院里，总会有一些高大的树木，这些大树的树洞里住着鼯鼠。当然，鼯鼠有时候也会寄居在人类房屋的天井背后或巢箱里。

夜里，从巢穴里出来活动的鼯鼠。

从巢穴中探出脑袋来的鼯鼠。

鼯鼠寄居的寺院。

在夜空中滑翔的鼯鼠。

被鼯鼠啃过的树叶

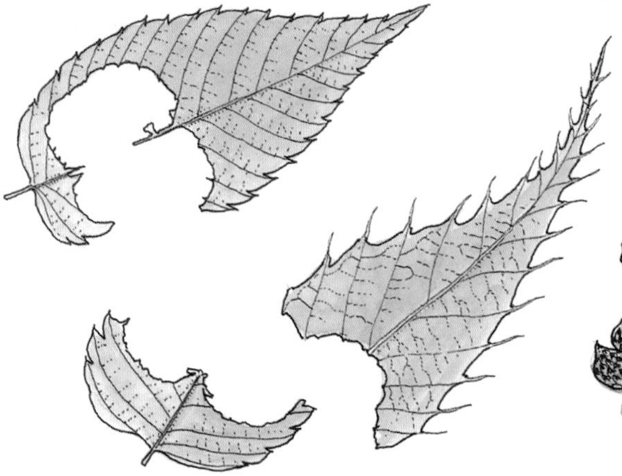

光叶榉的树叶和麻栎的树叶

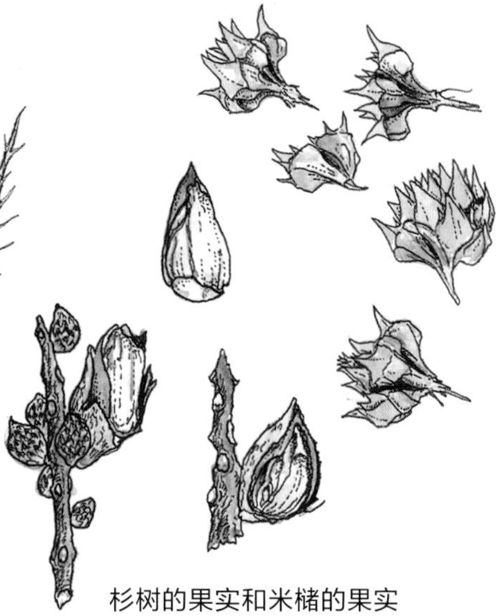

杉树的果实和米槠的果实

巢箱

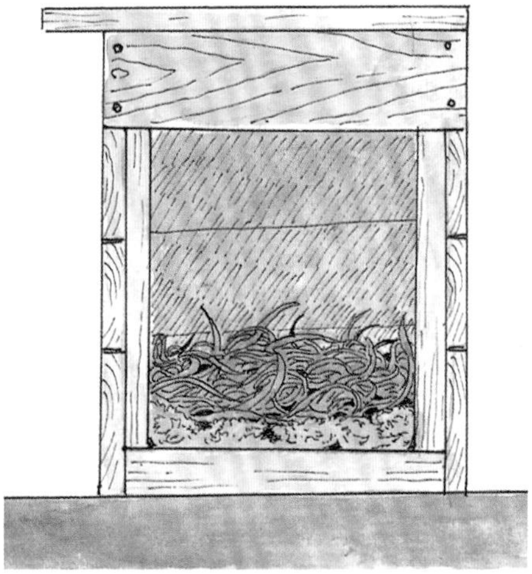

巢箱的内部示意图

鼯鼠生活范围图

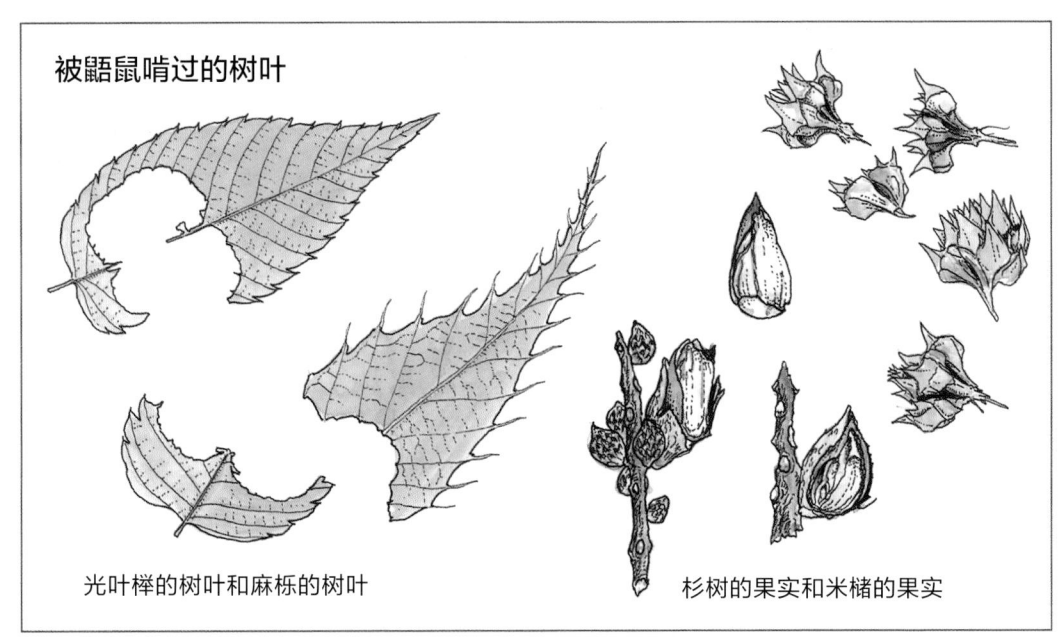

谁吃了它们？谁留下了它们？

行走在秋天的山林和田野间，你会发现很多小动物们的“丢弃物”。这些“丢弃物”会告诉我们谁吃过哪些东西。

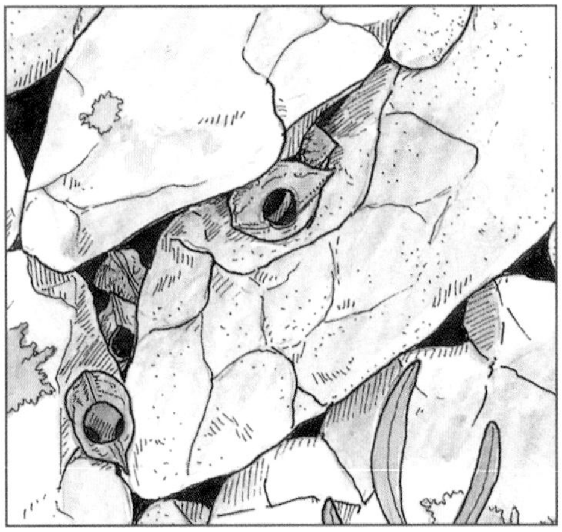

石头缝里发现的大林姬鼠吃剩下的东西（胡桃）

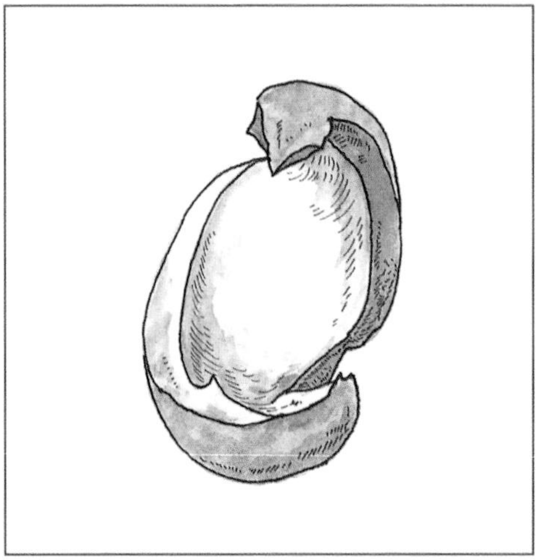

老鼠吃过的木通

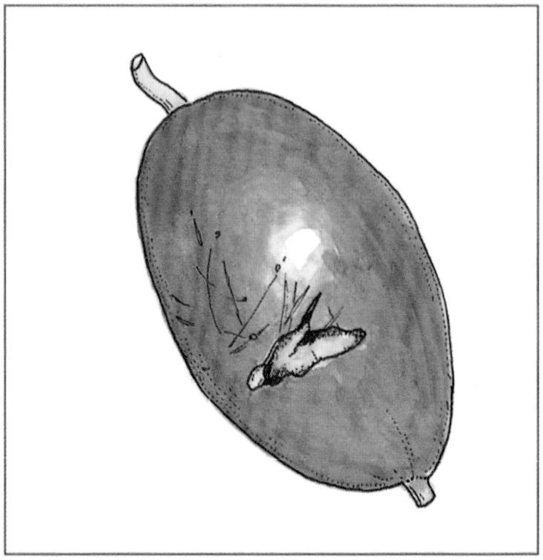

被鸟儿啄食过的王瓜

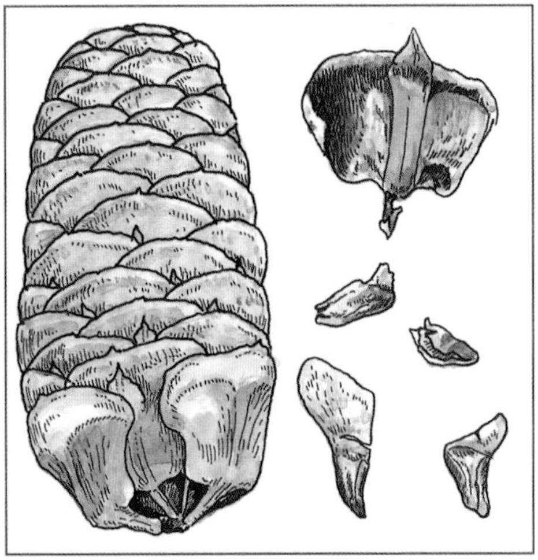

松鼠吃过的冷杉的果实

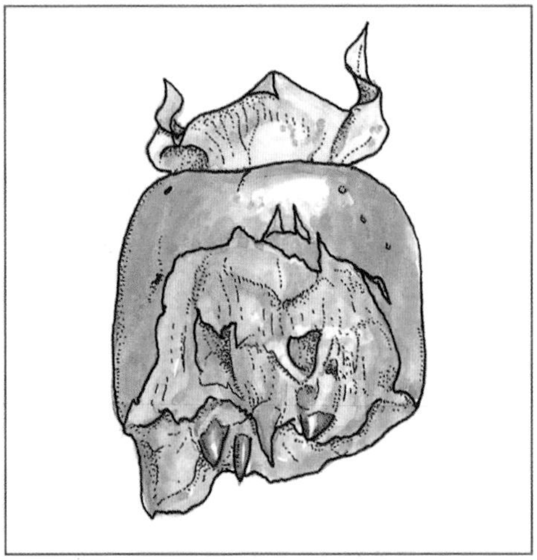

被鸟儿啄食过的柿子

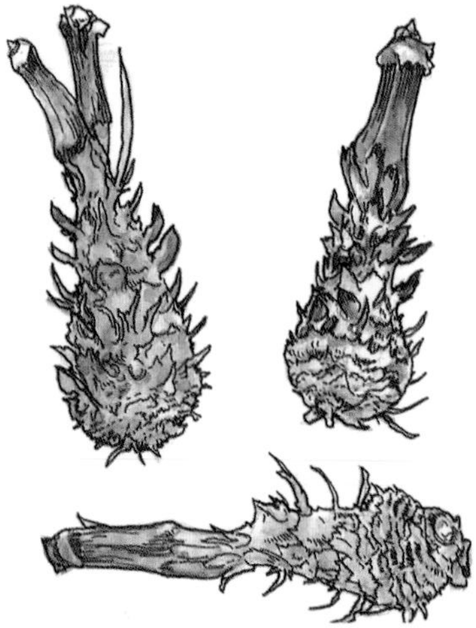

松鼠吃过的松果

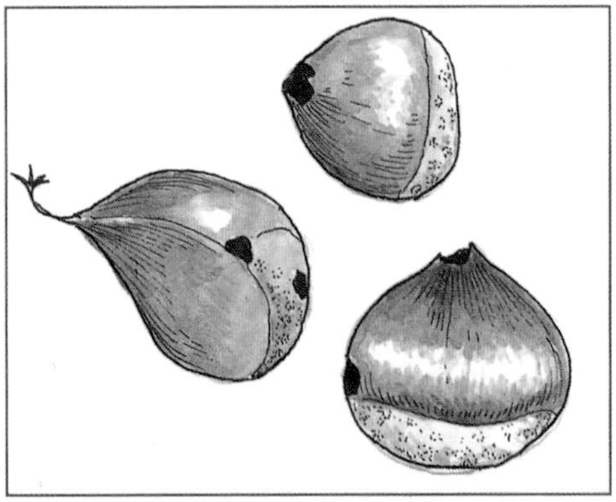

被蒙栎象的幼虫咬过的栗子

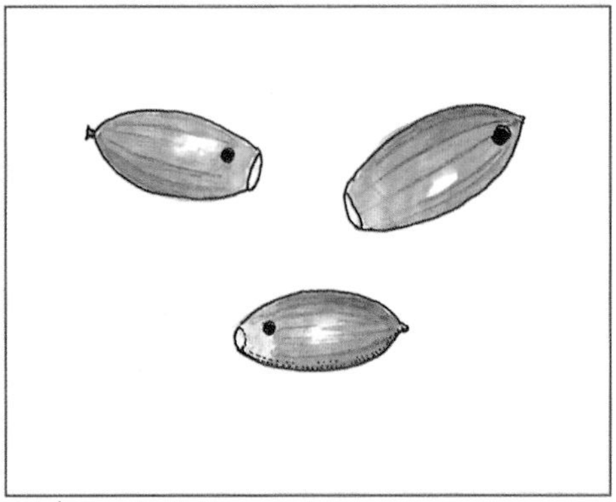

被柞(zuò)栎象的幼虫咬过的枹栎的橡实

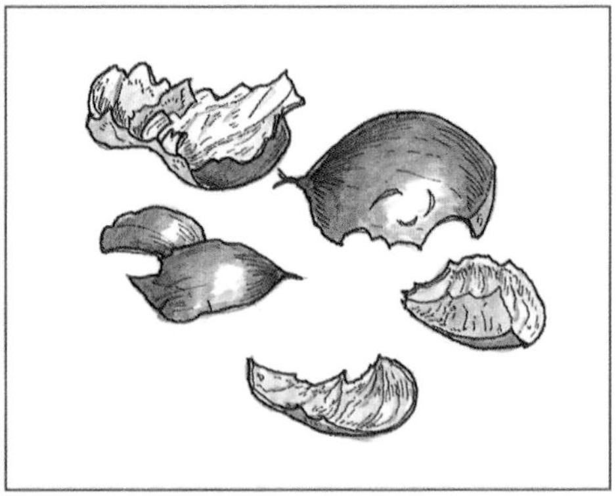

大林姬鼠吃过的栗子

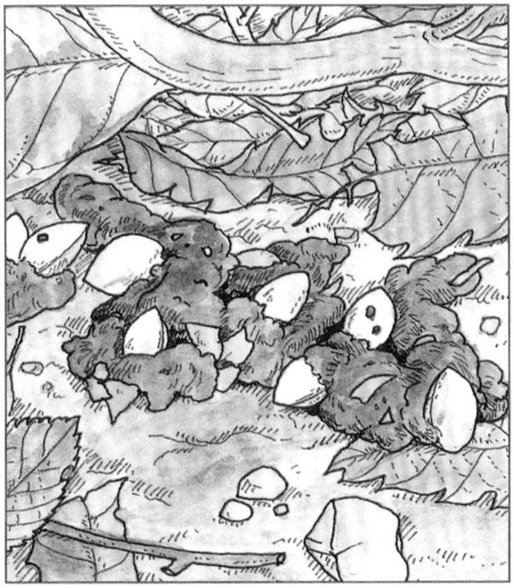

在貉的粪便中发现的白果

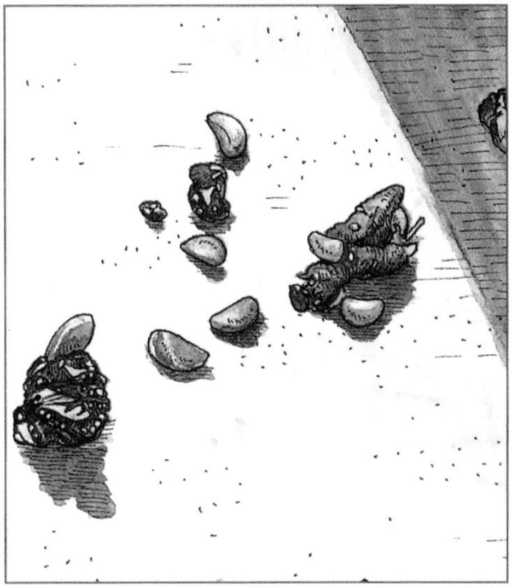

在黄鼠狼的粪便中发现的柿种

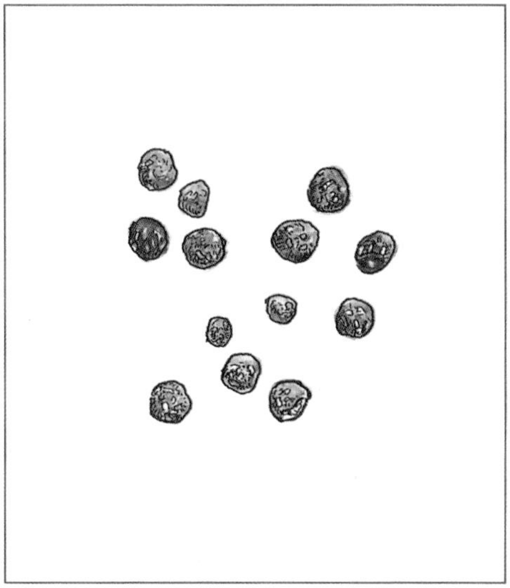

鼯鼠的粪便

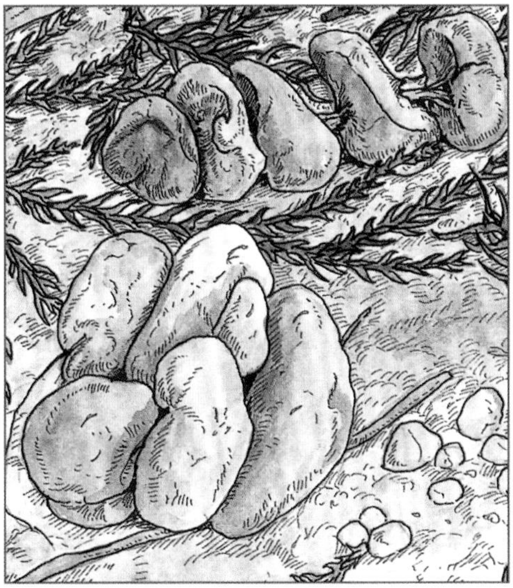

野猪的粪便

在熊的粪便中发现的灰叶稠李的种子

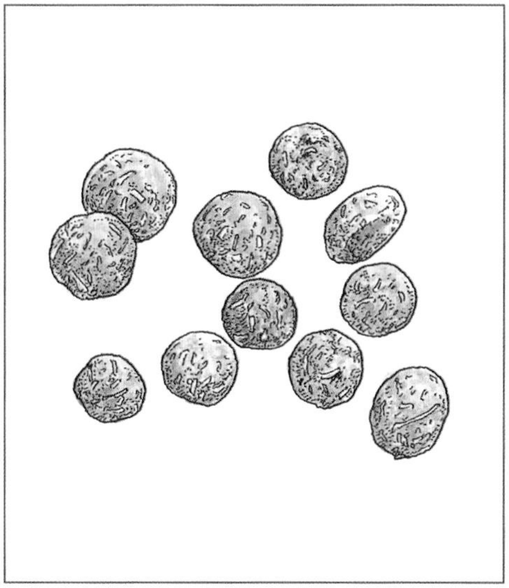

兔子的粪便

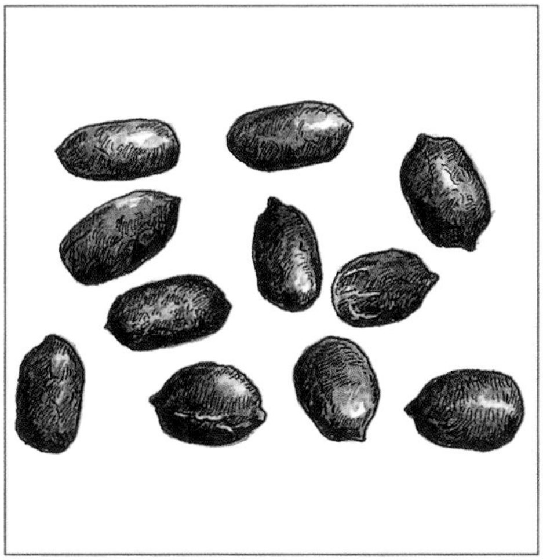

鹿的粪便

狐狸的粪便

巢鼠的粪便

为人们的喜好而生

蔬菜原本就是由人类培育出来的。所以，即使是同一品种的蔬菜，人类也会根据不同的喜好培育出不同的颜色或形状。

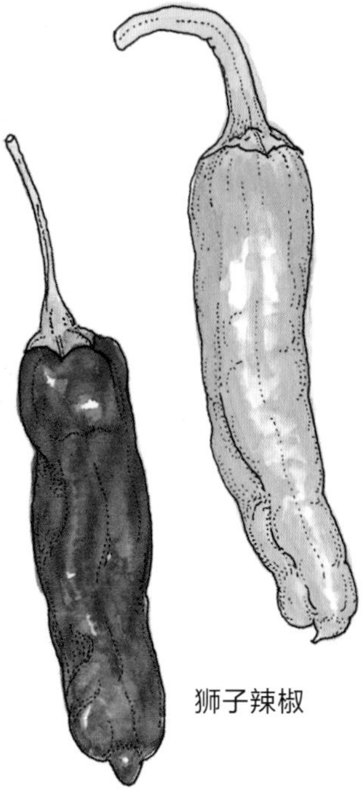

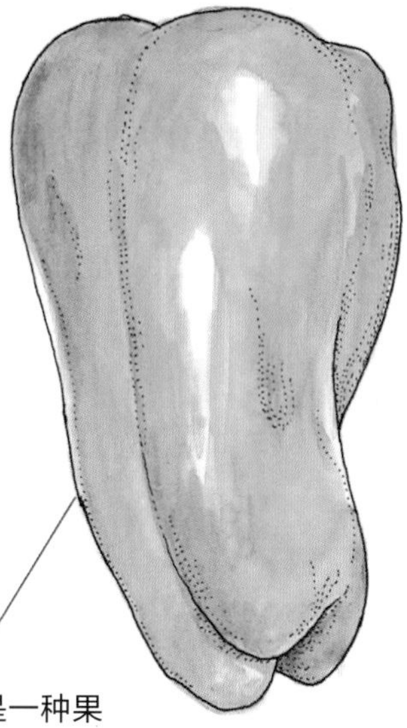

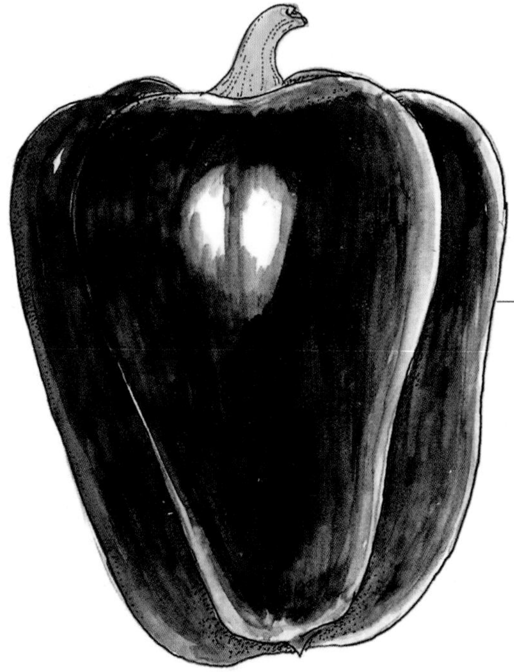

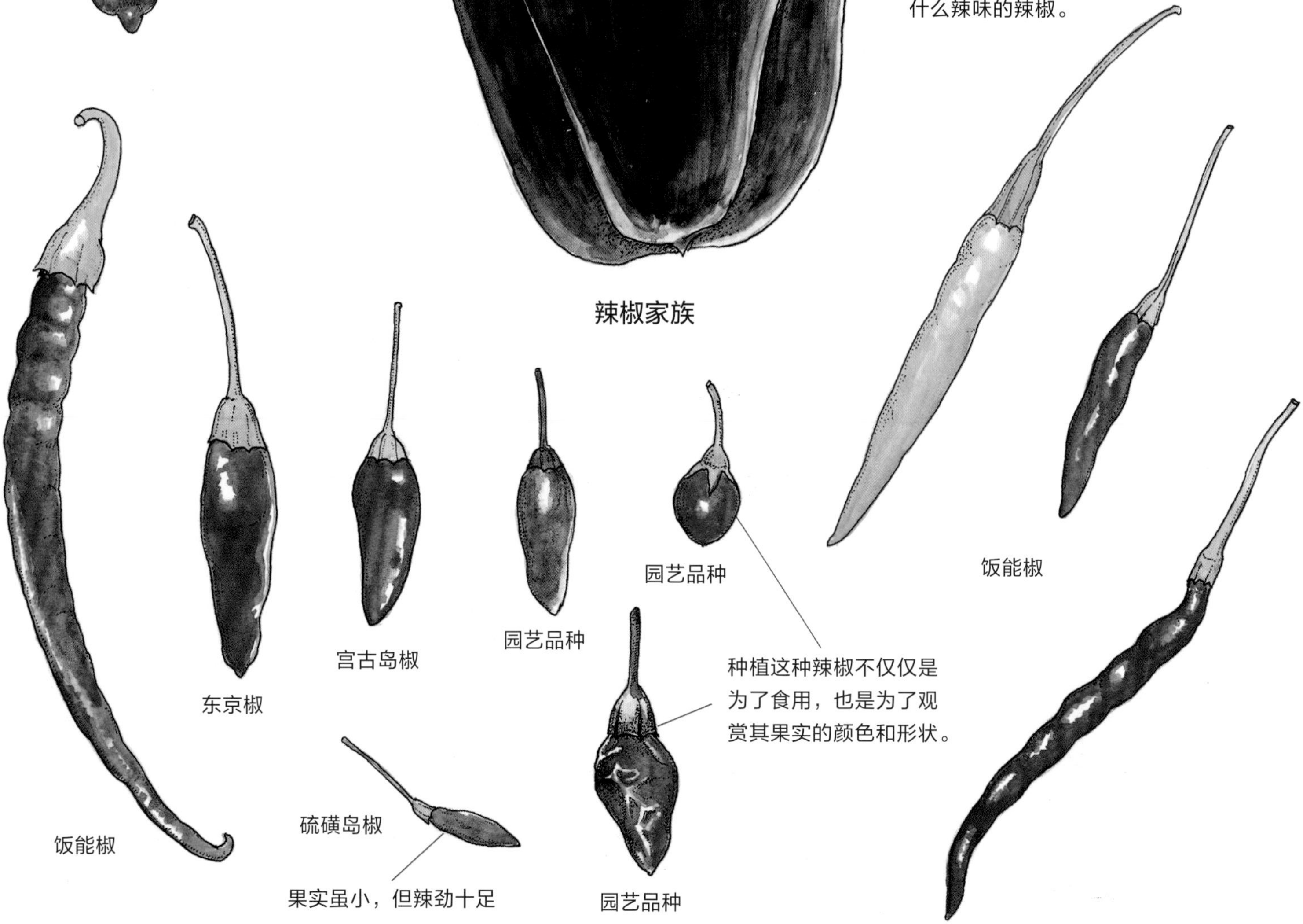

挂在身上的“旅行家”

去秋天的草丛中走走吧，那里有不少植物的果实和种子等着挂在你的身上出去“旅行”呢！

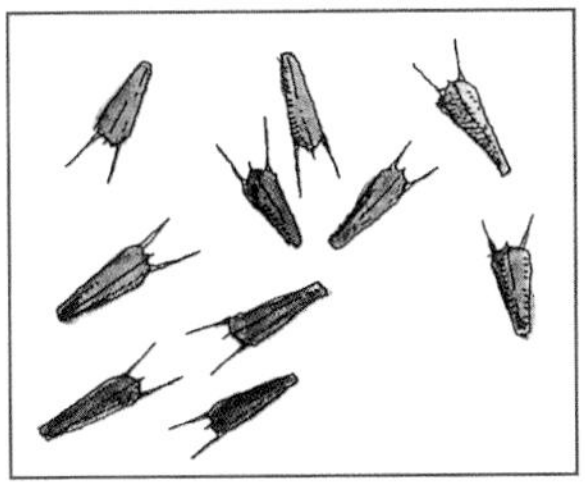

① 大狼杷草

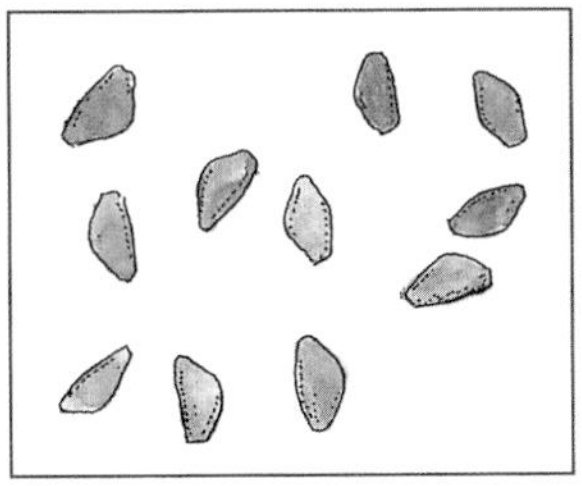

② 圆锥花山蚂蝗

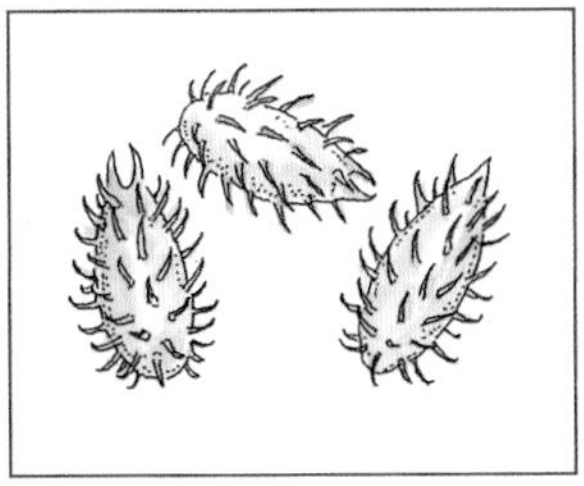

③ 苍耳

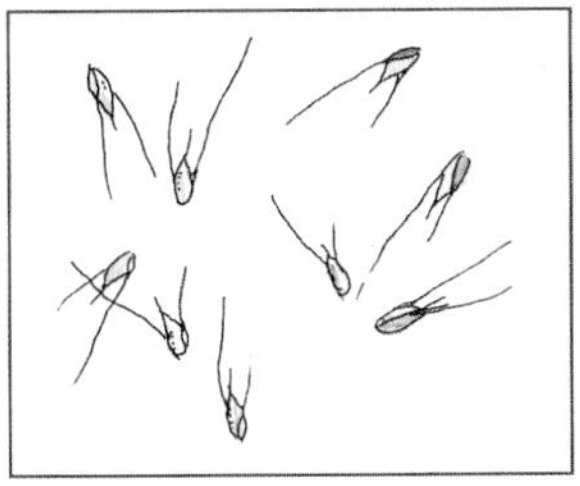

④ 求米草

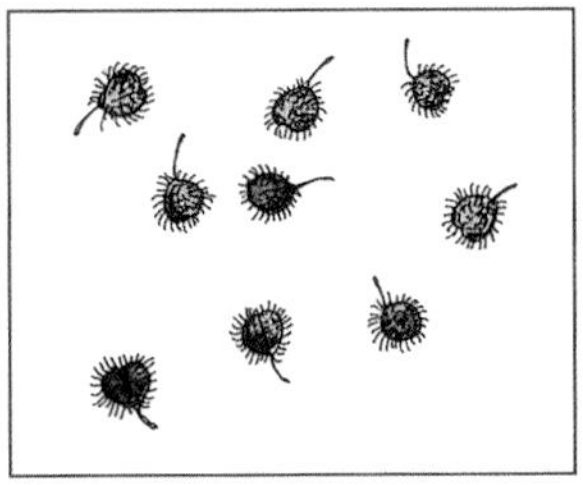

⑤ 南方露珠草

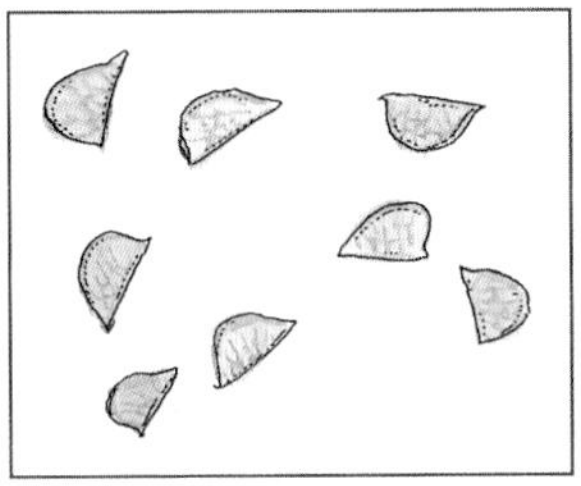

⑥ 尖叶长柄山蚂蝗

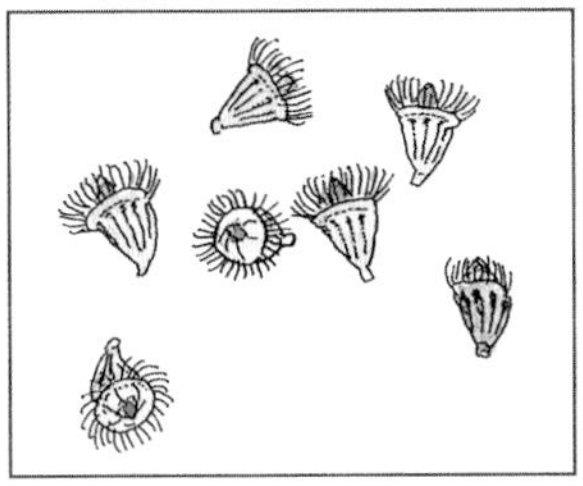

⑦ 龙牙草

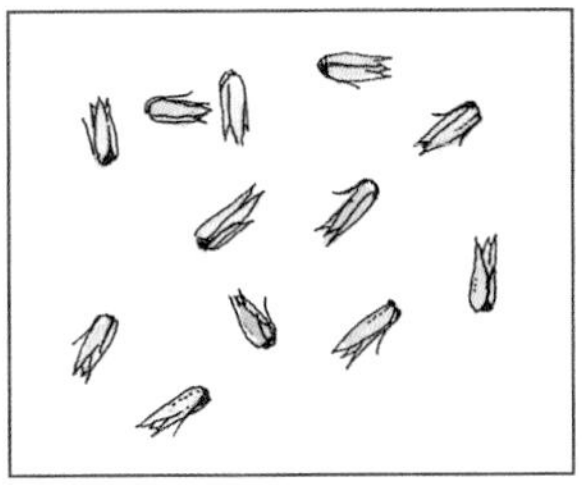

⑧ 牛膝

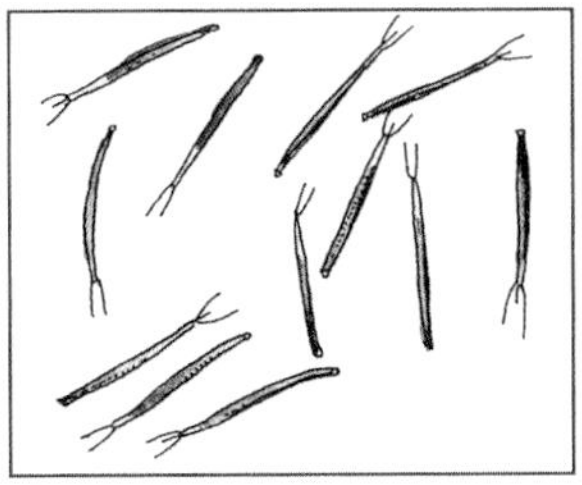

⑨ 鬼针草

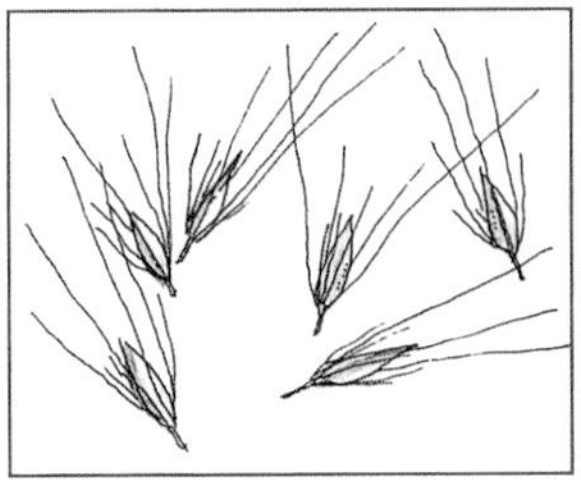

⑩ 狼尾草

走过草地的鞋子带回不少种子

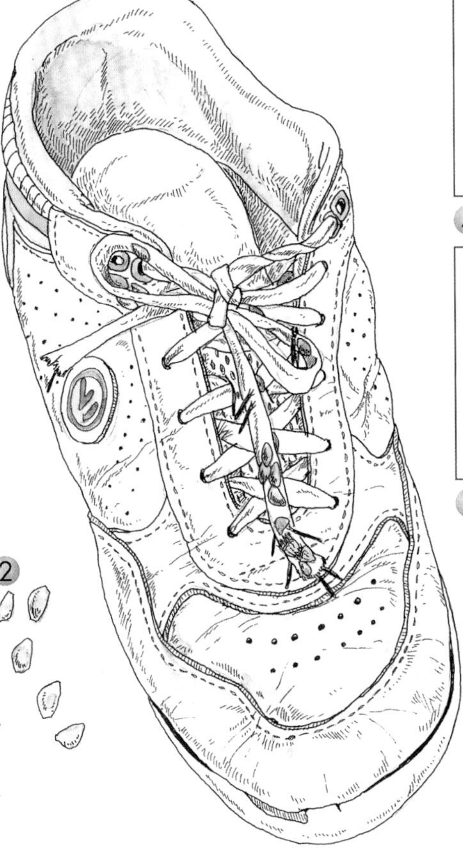

植物同样也会利用人类哟！

狗尾草

秋天到了，狗尾草的穗子在秋风中随风轻晃。如今，人们在田地里已经很少种植小米了。可是你知道吗？小米的祖先正是这些不起眼的狗尾草呢！

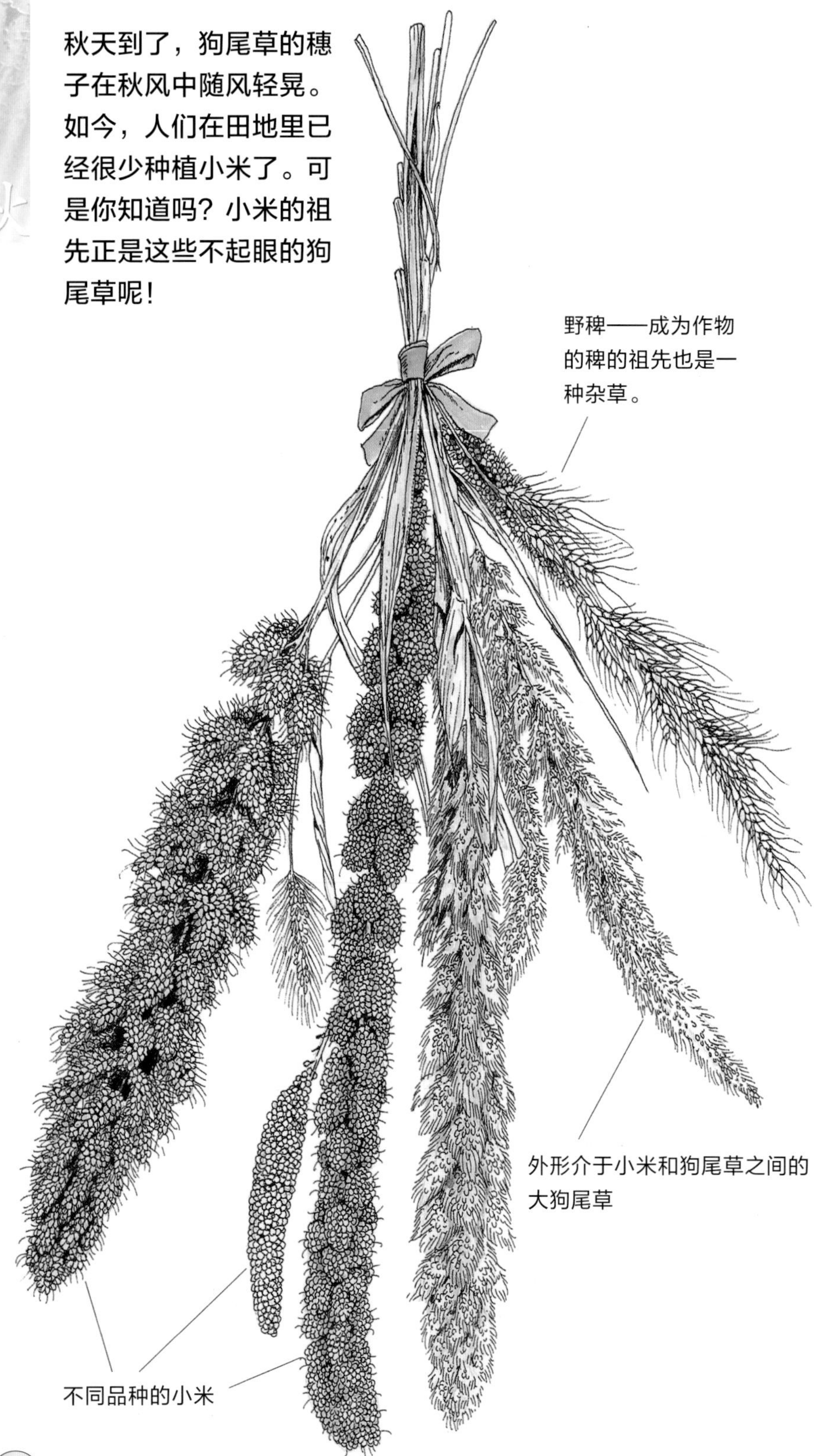
野稗——成为作物的稗的祖先也是一种杂草。
外形介于小米和狗尾草之间的大狗尾草
不同品种的小米

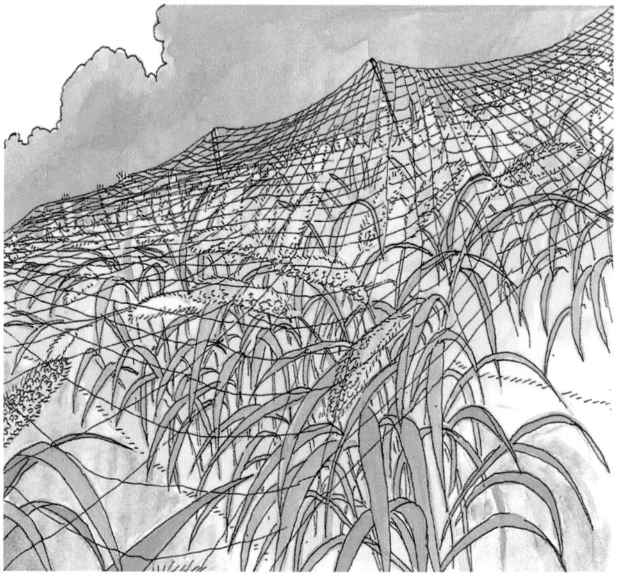

如今，种植小米的田地已经越来越稀少。

道路两旁的树木边上总能见到狗尾草的身影。

狗尾草图鉴

一眼看过去，狗尾草都长一个样。可是，如果仔细观察，会发现每种狗尾草不同的特征。

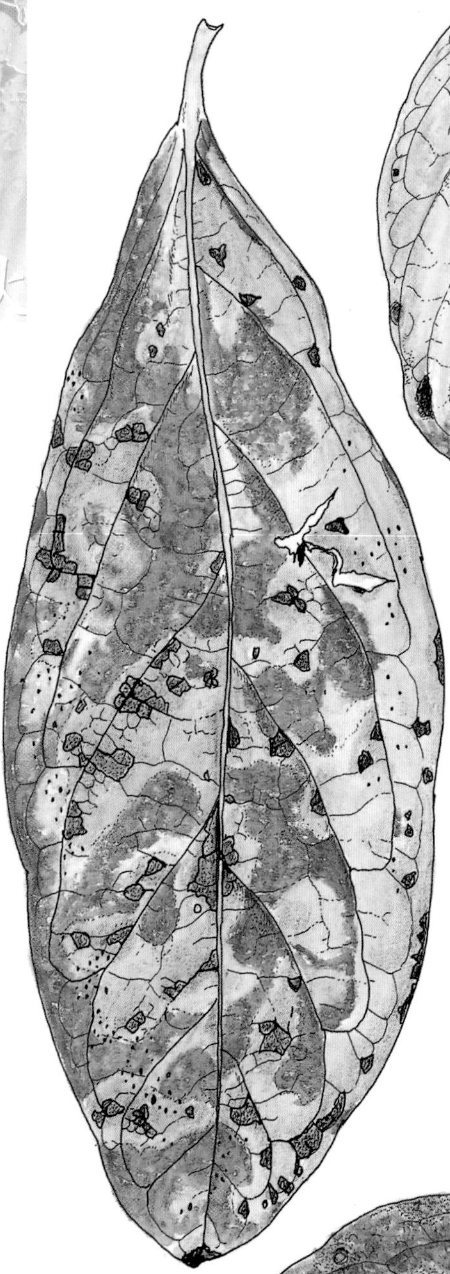

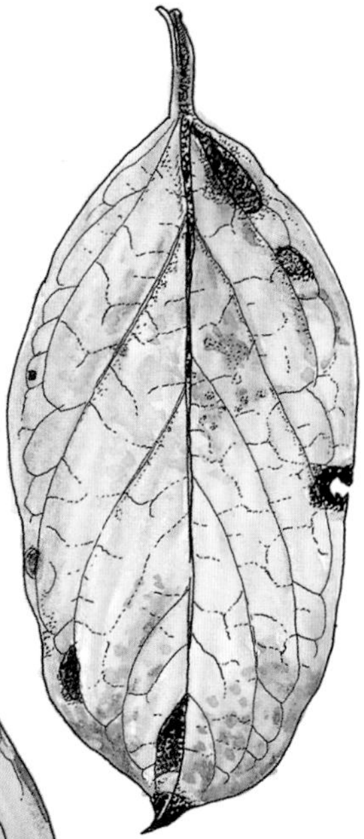

柿子

到了秋天，水果店最醒目的位置上摆放着的一定有柿子。在这个季节，庭院里的柿子树上果实挂满枝头，林间的柿子树上也同样硕果累累。其实，柿子也有许多不同的品种。有的味道甜，有的则味道涩；有的有种子，有的则没有种子。

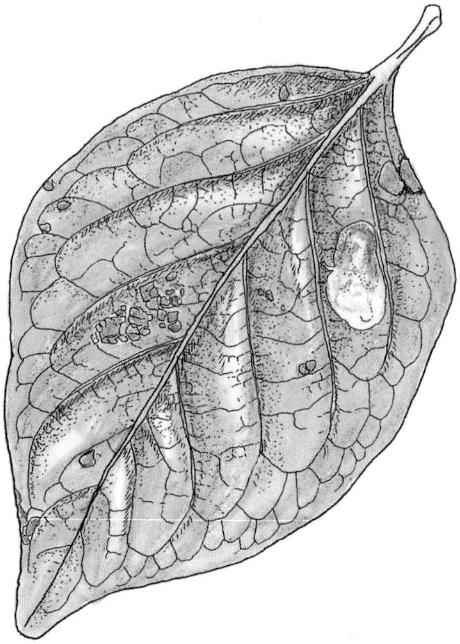

果实不同，柿种的形状也不同。

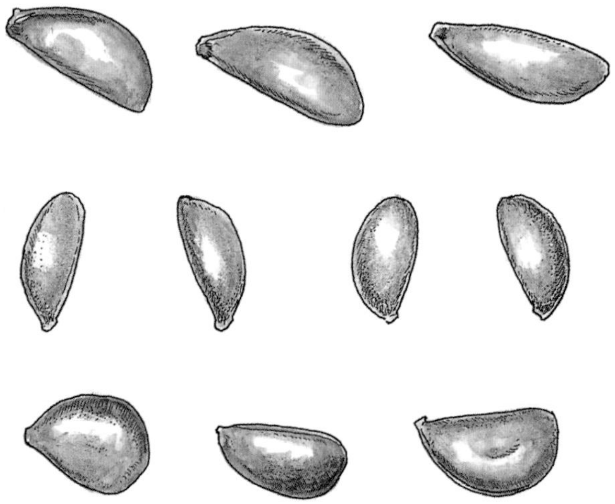

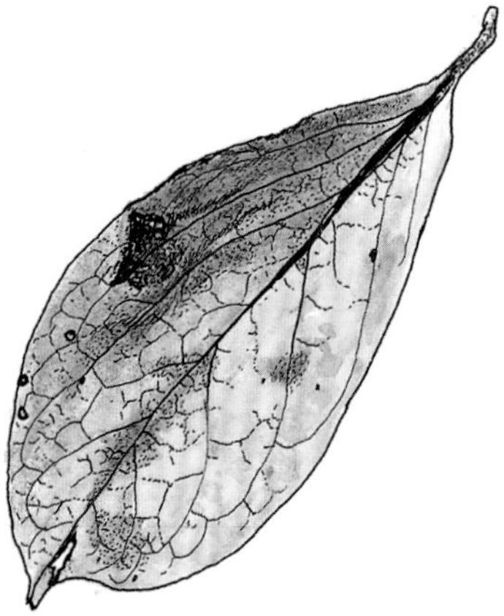

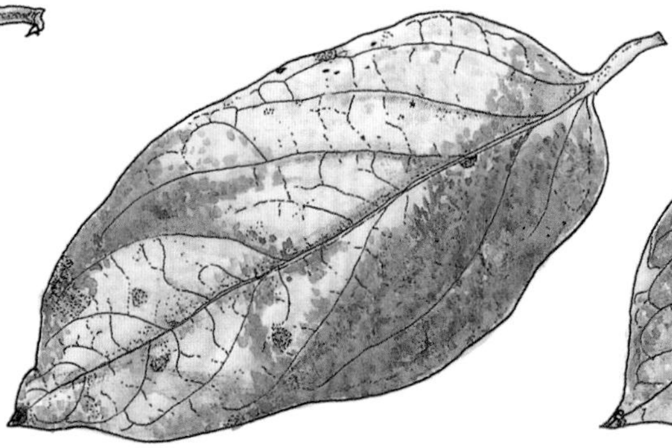

柿子的黄叶也会呈现出不同的色彩搭配。

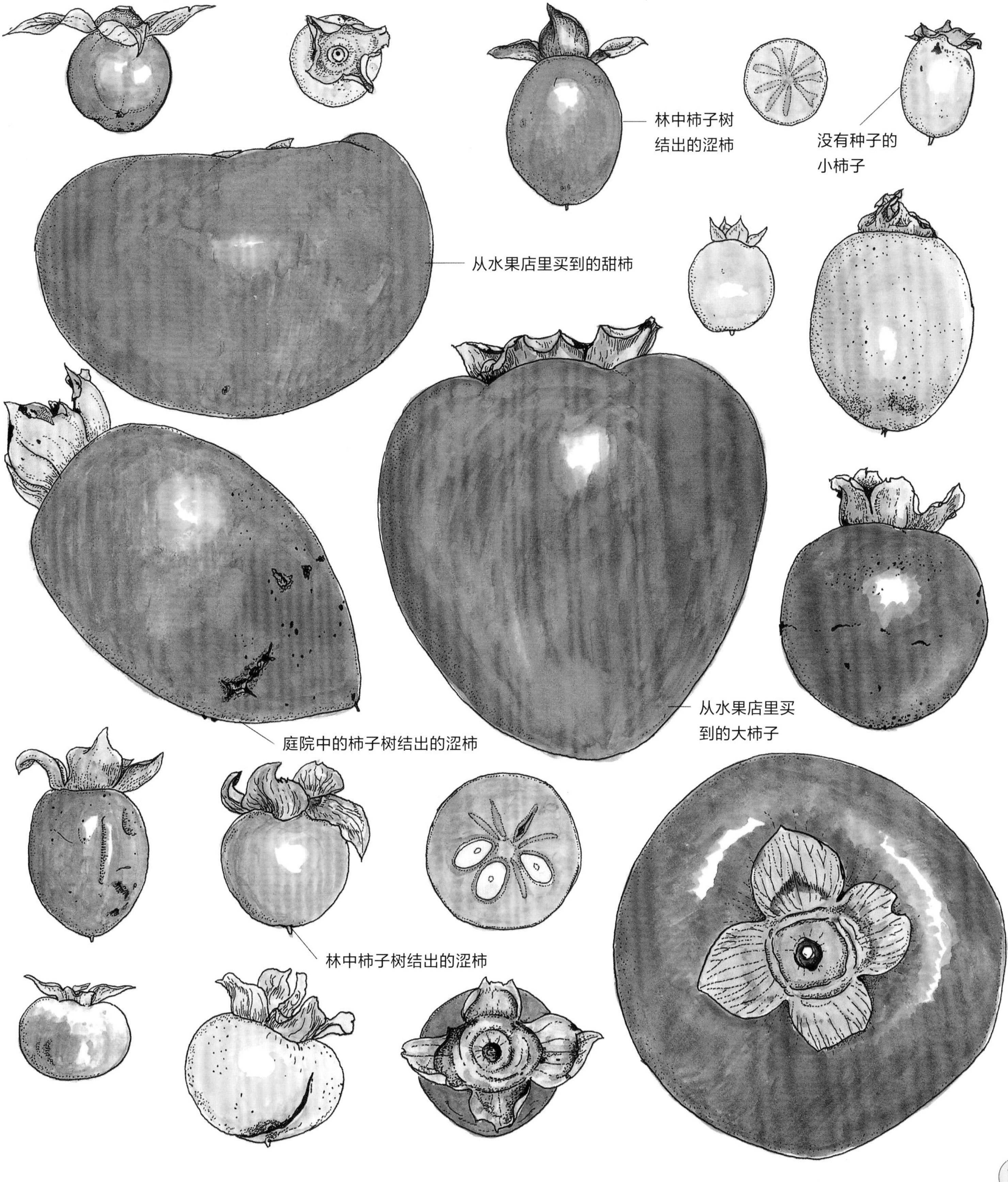
林中柿子树
结出的涩柿
没有种子的
小柿子
从水果店里买到的甜柿
庭院中的柿子树结出的涩柿
从水果店里买
到的大柿子
林中柿子树结出的涩柿

火红的树叶和金黄的树叶

秋天的森林是五彩缤纷的，许多树的叶子换上了火红的盛装，还有许多树的叶子则穿起金黄色的礼服。在它们中间还有一些树，它们的叶子有些变成了红色，有些却变成了黄色。多么不可思议，一棵树有两种颜色的树叶呢！

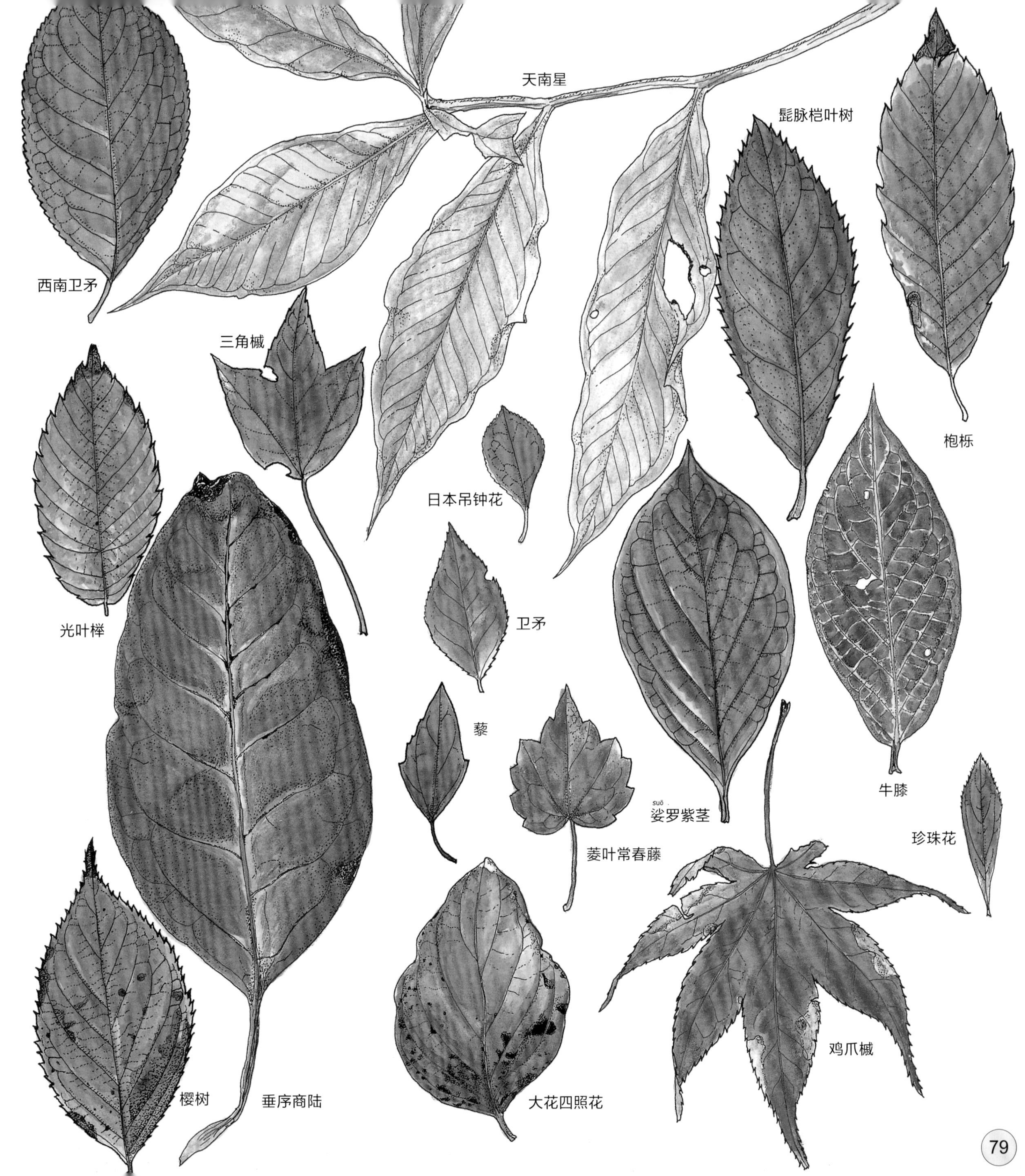
天南星
髭脉桤叶树
西南卫矛
三角槭
枹栎
日本吊钟花
光叶榉
卫矛
藜
牛膝
suō
娑罗紫茎
珍珠花
菱叶常春藤
鸡爪槭
樱树
垂序商陆
大花四照花

去年的藏品

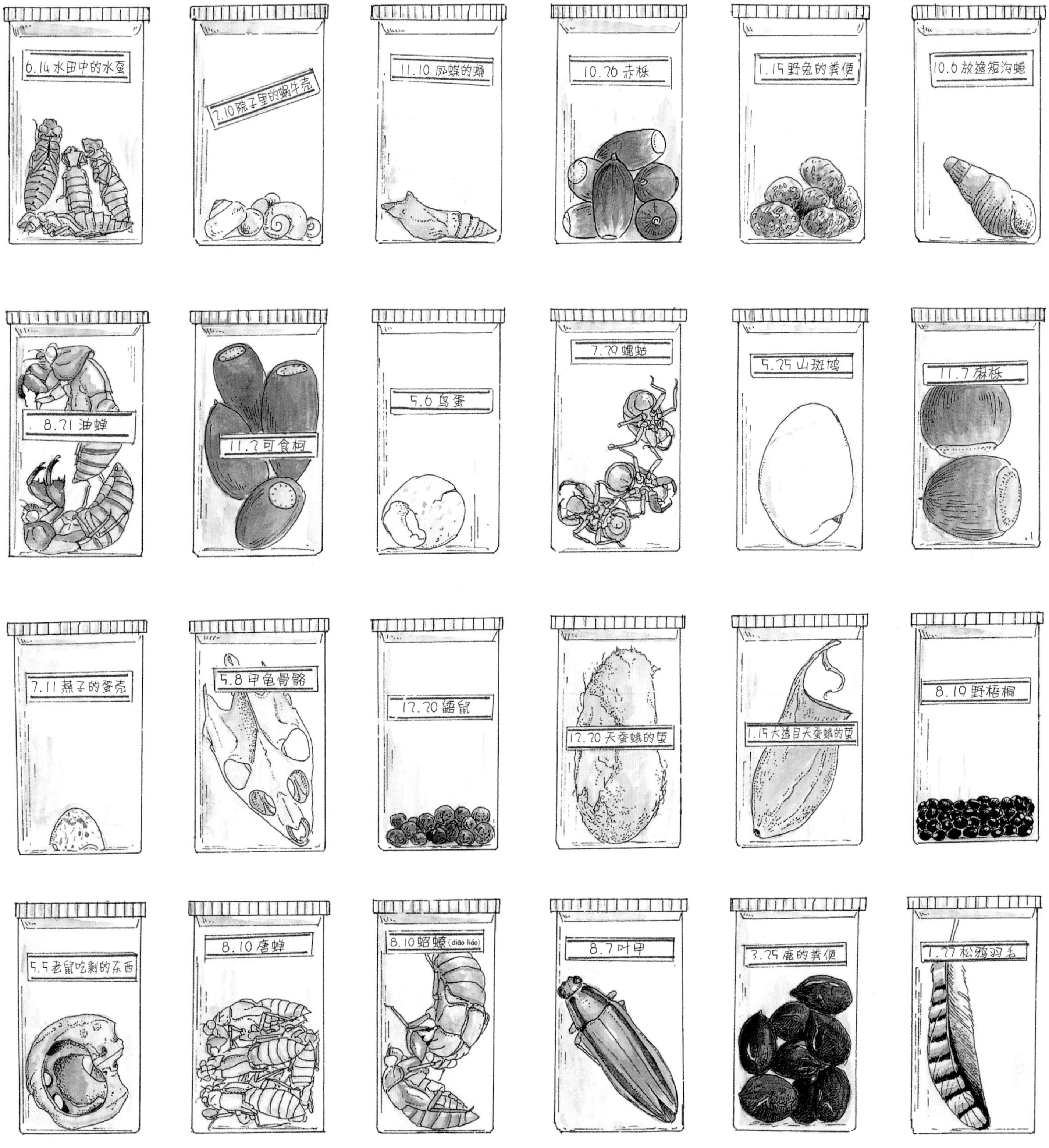
6.14 水田中的水虿
2.10 院子里的蜗牛壳
11.10 凤蝶的蛹
10.26 赤栎
1.15 野兔的粪便
10.6 放逸短沟蜷
8.21 油蝉
11.2 可食柯
5.6 鸟蛋
7.29 蟏蛸
5.25 山斑鸠
11.7 麻栎
7.11 燕子的蛋壳
5.8 甲鱼骨骼
12.20 鼯鼠
12.20 天蚕蛾的茧
1.15 大透目天蚕蛾的茧
8.19 野梧桐
5.5 老鼠吃剩的东西
8.10 唐蝉
8.10 蛁蟟(diāo liáo)
8.7 叶甲
3.25 鹿的粪便
7.27 松鸦羽毛

冬

冬天，草木枯黄，虫儿销声匿迹。但是，如果我们擦亮眼睛去探寻，就会发现冬天也会送给我们很多宝贝呢！

冬天的水田

杂木林间的水田冬天的景象。
让我们走进冬季里的山林和田野，
去探寻藏起来的小动物们，
去找寻自然馈赠给我们的
宝物吧！

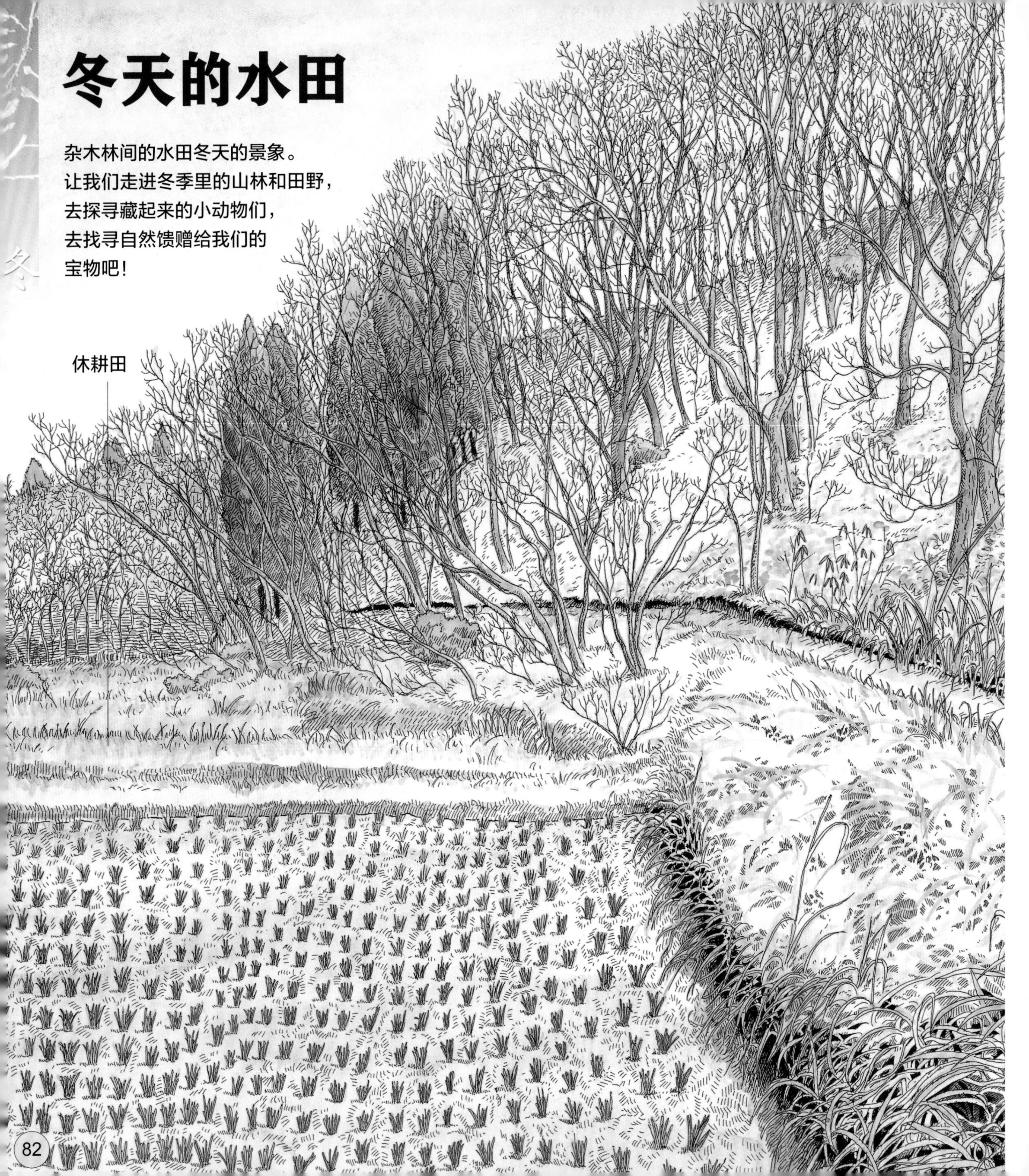

宽叶香蒲的种子乘着风四处旅行

谷户田旁的休耕田里住着小小的巢鼠

宽叶香蒲的种子
宽叶香蒲——不再种植水稻的休耕田中，宽叶香蒲长得茂盛，连成一片茂密的草丛。
巢鼠——已知最小的啮齿目动物代表。它在休耕田里茂密的芒草或糠穗间筑巢。

巢鼠的巢

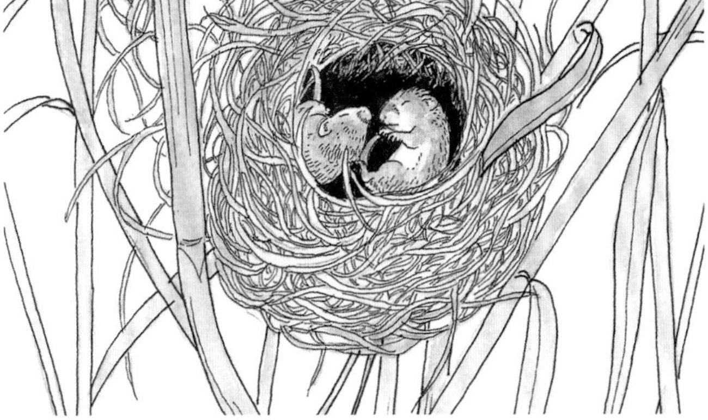

巢鼠的幼崽

蜘蛛的家

夏天随处可见的蜘蛛的巢穴，到了冬天全部消失得无影无踪了。可是，如果你仔细寻找的话，还是可以发现蜘蛛留下的蛛丝马迹的。

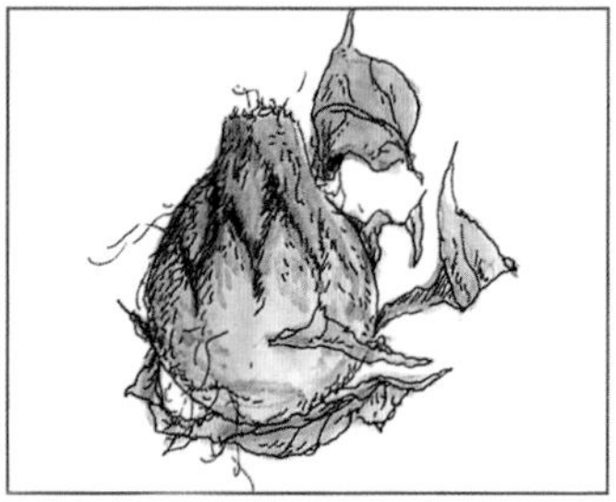

装有小蜘蛛的黄金蛛的卵囊

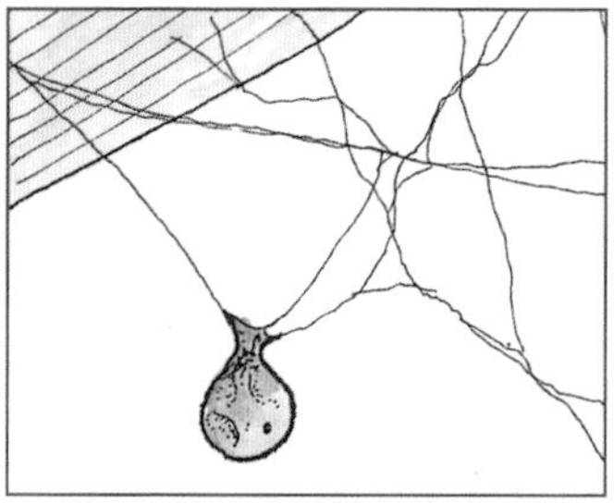

已经空了的蟾蜍曲腹蛛的卵囊

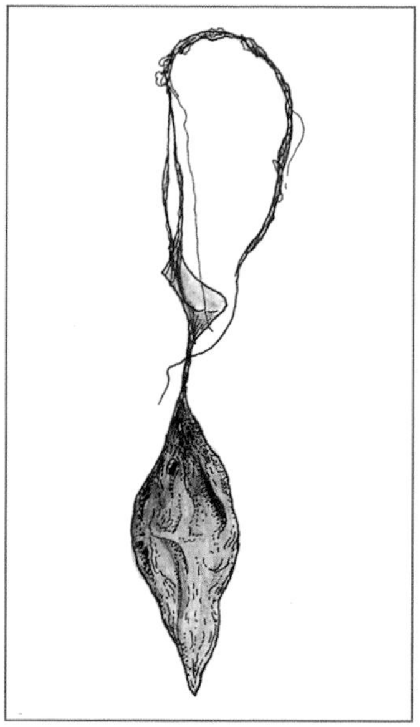

已经空了的对称曲腹蛛的卵囊

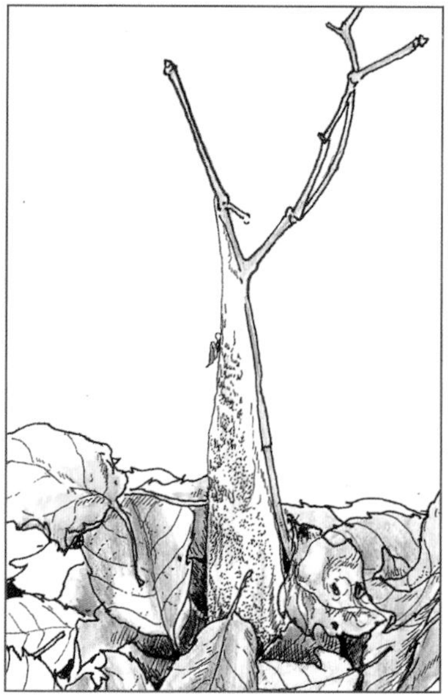

地蛛的巢

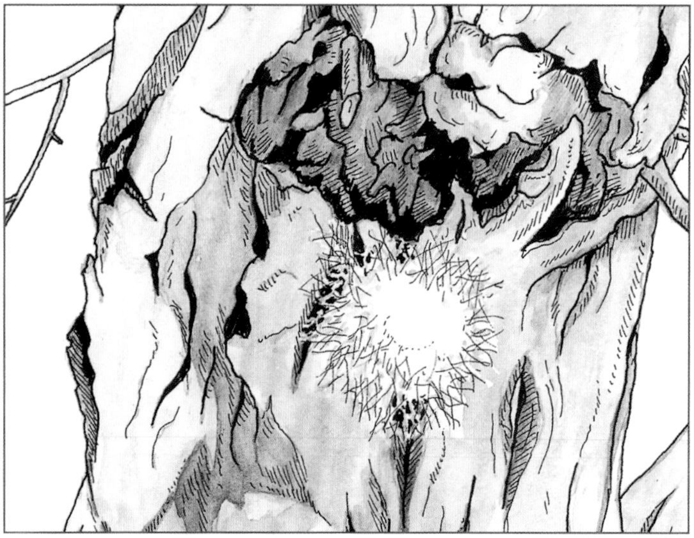

装有红色卵的络新妇的卵囊

草蜘蛛的卵囊

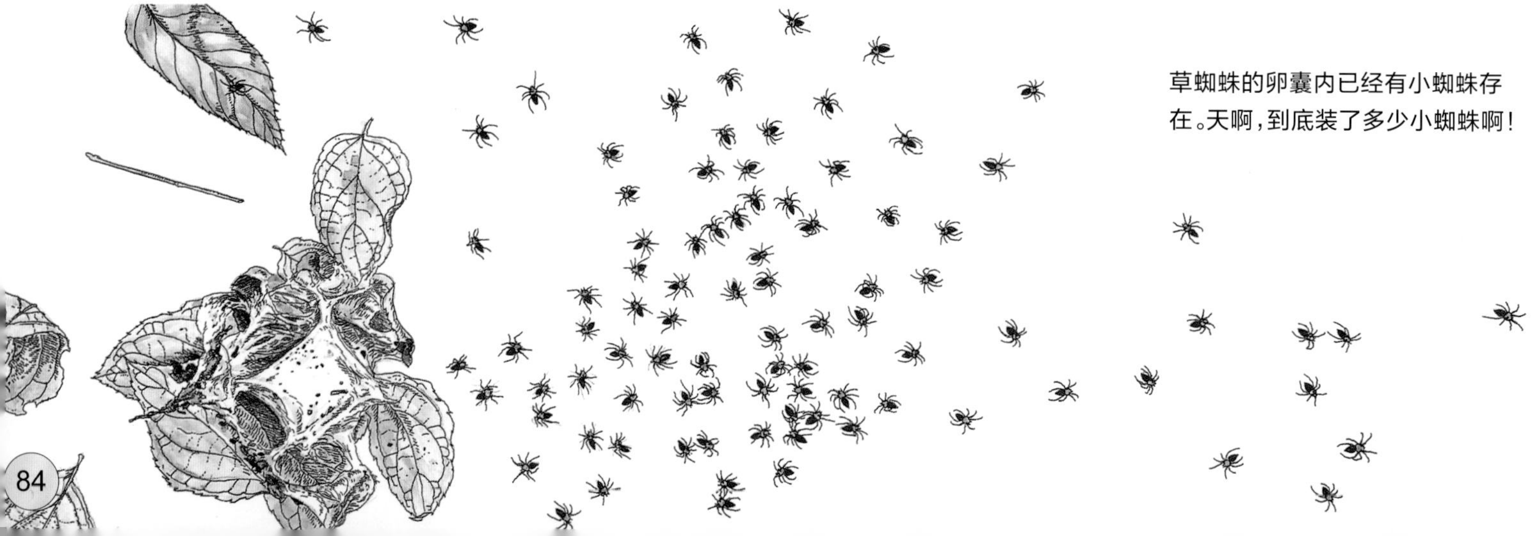

草蜘蛛的卵囊内已经有小蜘蛛存在。天啊，到底装了多少小蜘蛛啊！

寄居者

有一些昆虫非常狡猾，它们会很好地利用人类的居所来过冬。图中就是一些利用学校走廊的天花板来过冬的瓢虫。

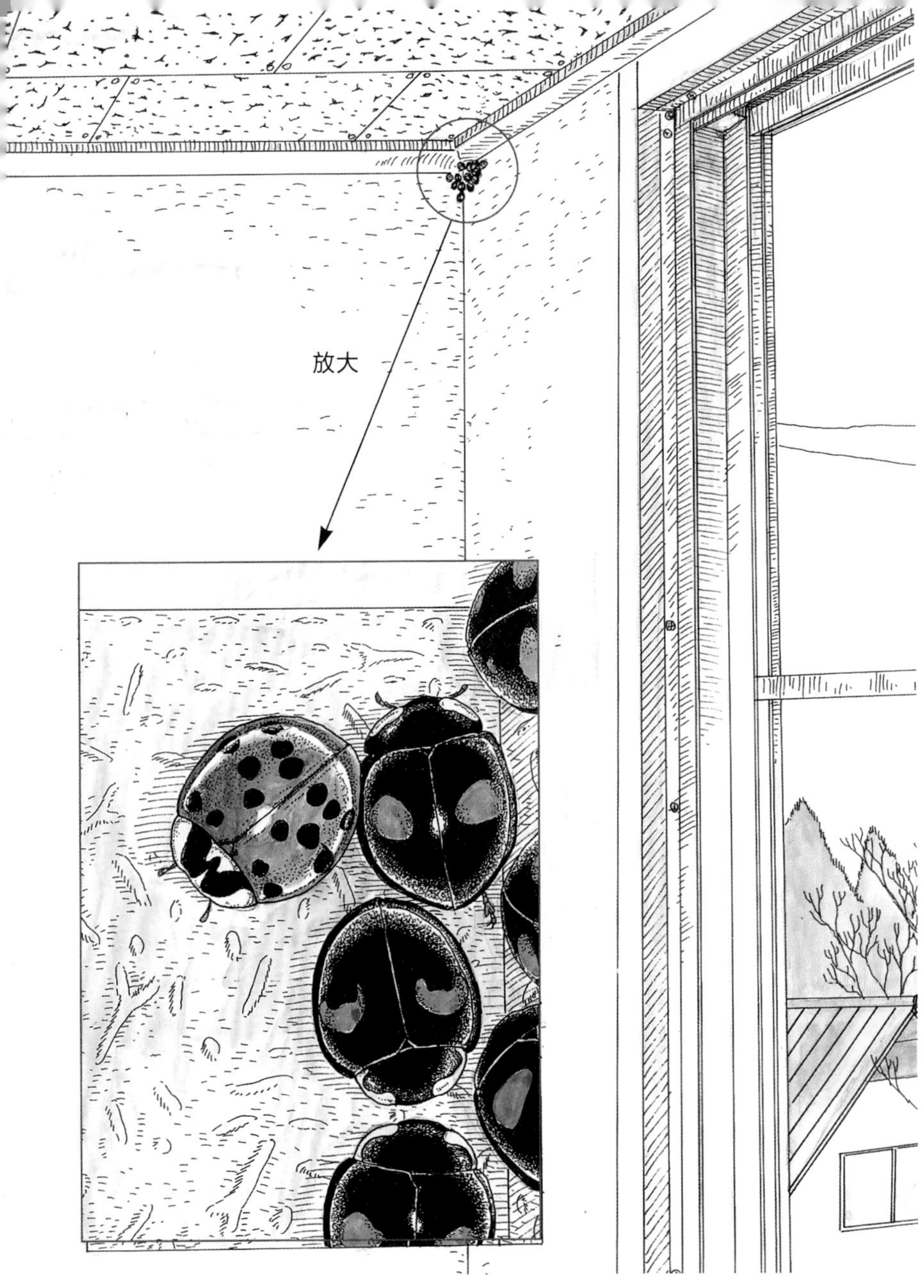

这些来过冬的瓢虫全部都是七星瓢虫的同类。

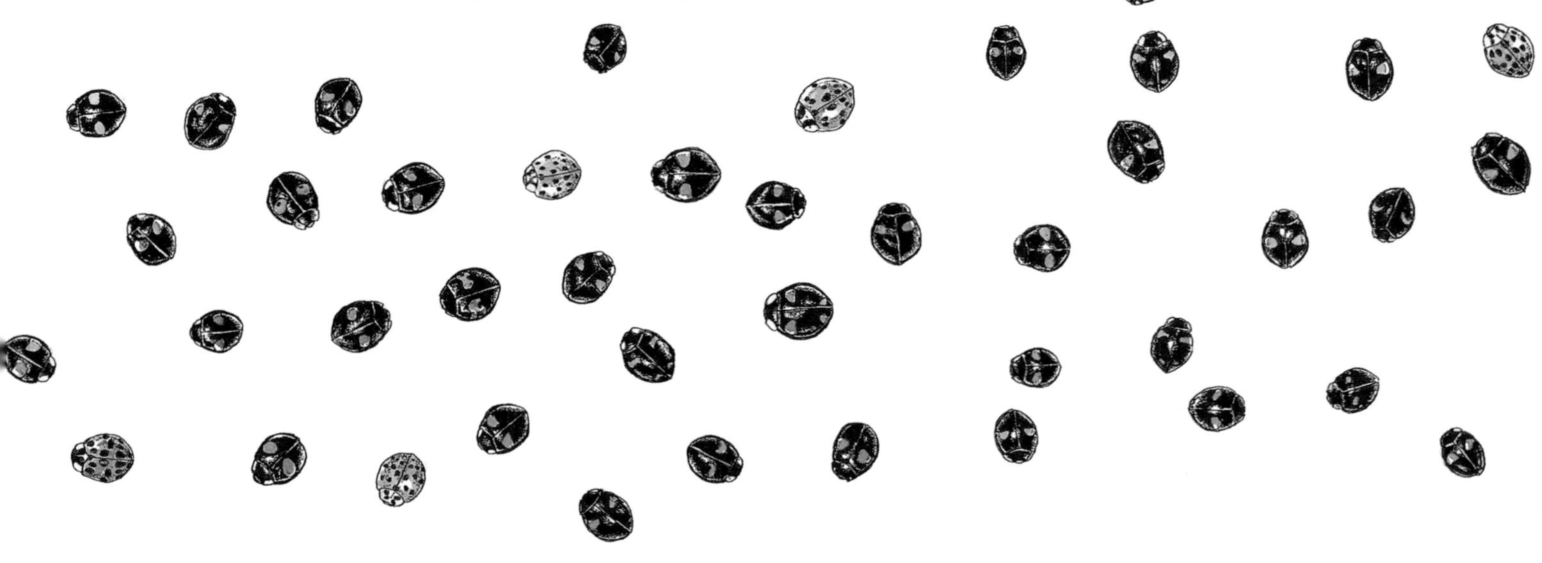

昆虫的空巢

在冬天的山野中，你会发现各式各样的昆虫的空巢。面对这些已经空空如也的巢，你能猜出它们曾经属于哪种昆虫吗？

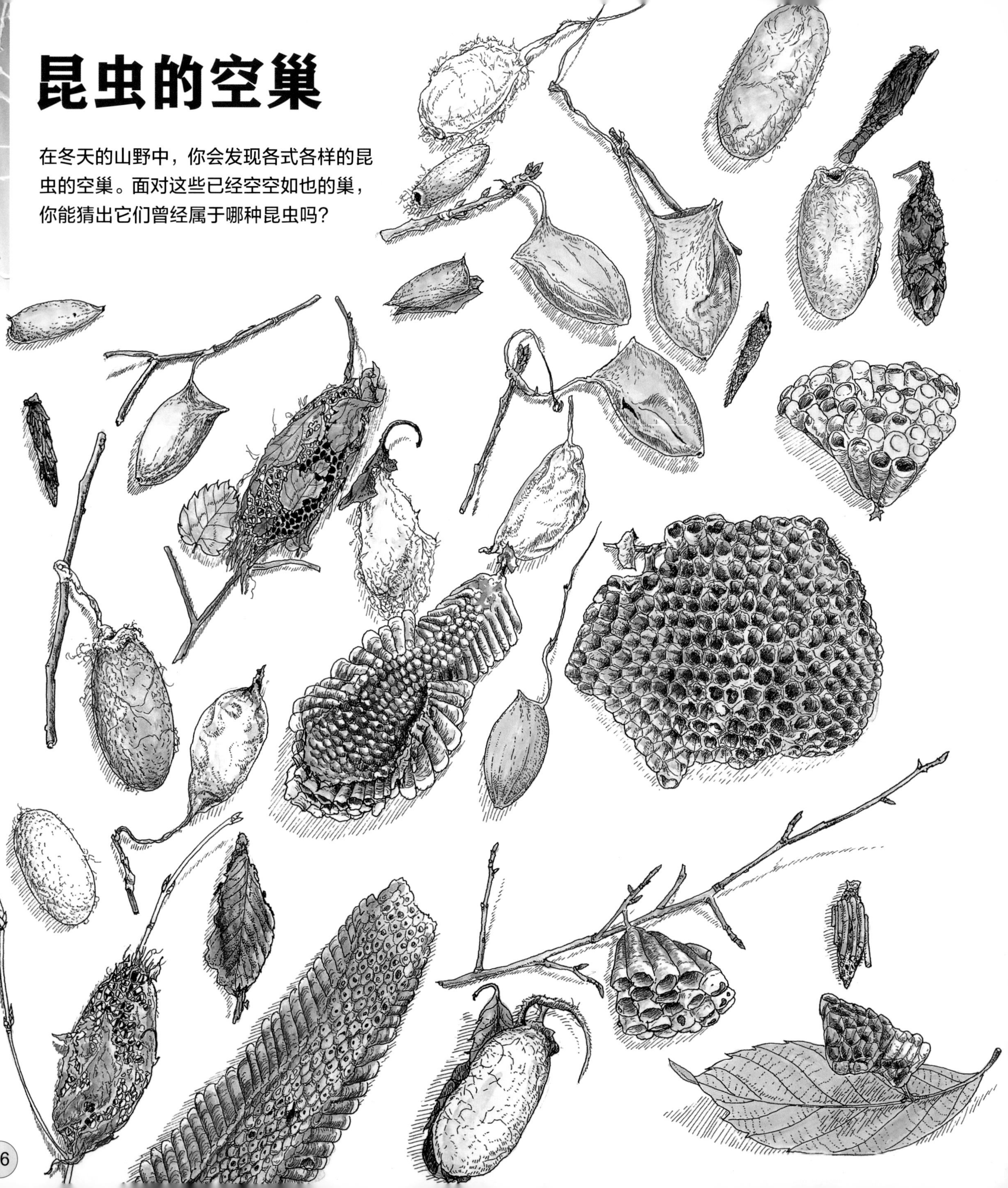

“布”做的“房子”

漫步在冬天的杂木林中，你会发现，掉光了树叶的树枝上挂着各式各样的小“袋子”。这些小袋子都是蛾的幼虫制造出的茧。蛾的幼虫吐出丝，制造出这样的“布房子”。

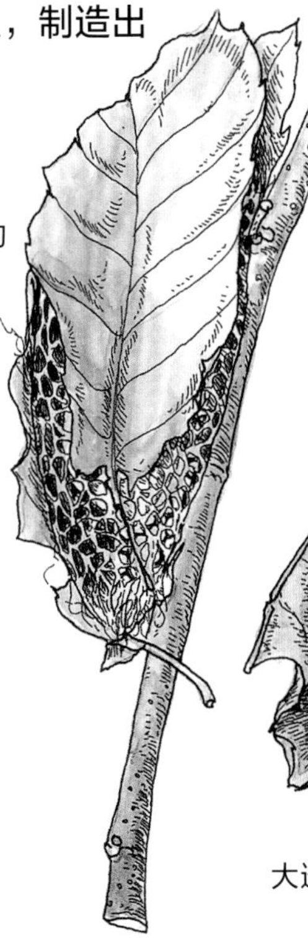

栗树的树枝上挂着的樟蚕的茧

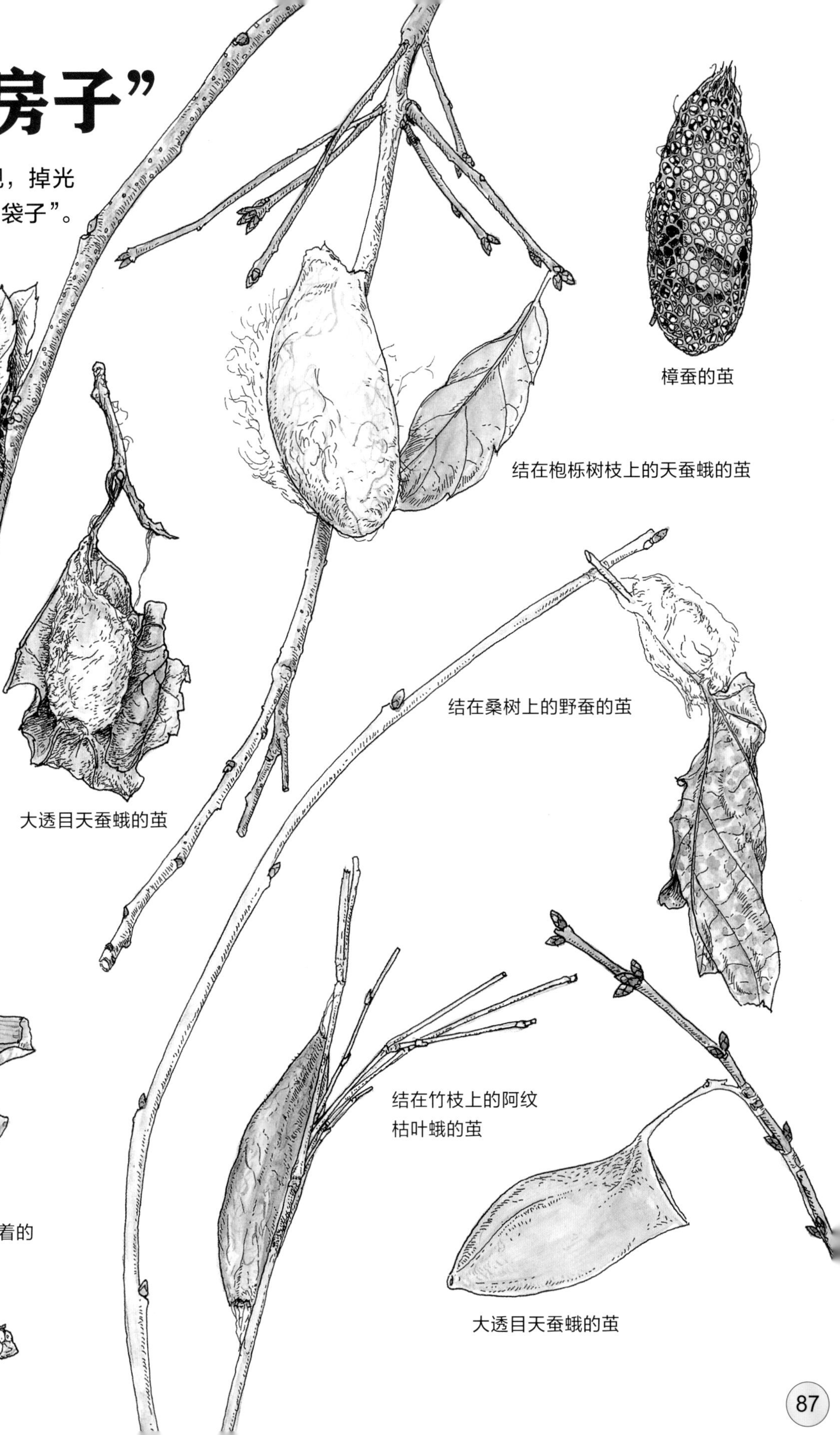

大透目天蚕蛾的茧

樟蚕的茧

结在枹栎树枝上的天蚕蛾的茧

结在桑树上的野蚕的茧

结在竹枝上的阿纹枯叶蛾的茧

大透目天蚕蛾的茧

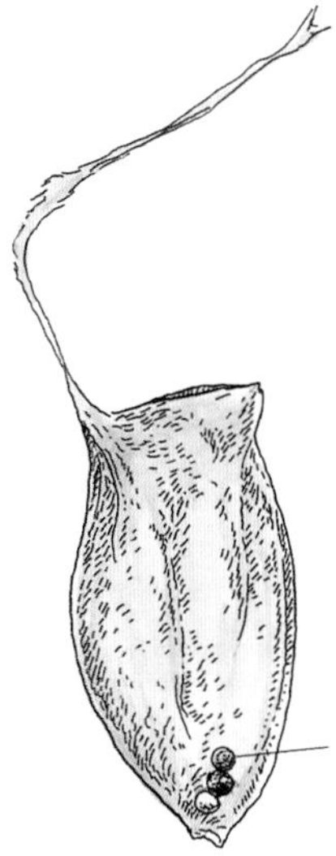

大透目天蚕蛾的卵

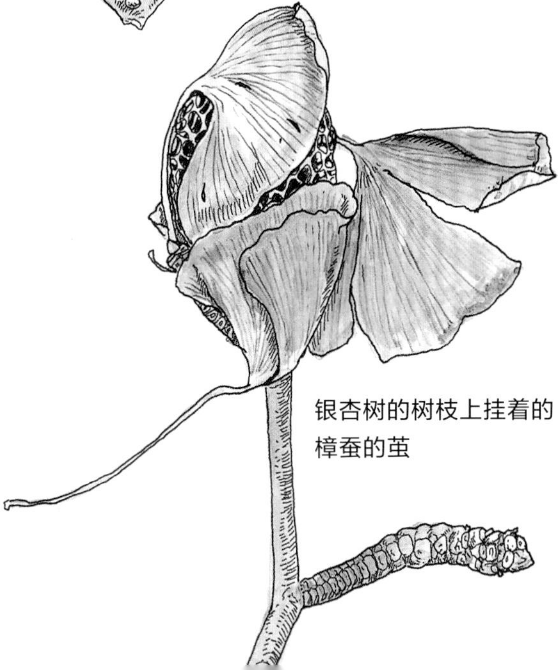

银杏树的树枝上挂着的樟蚕的茧

纸样的巢

在房檐下或树枝上可以看到胡蜂的巢。胡蜂将草或树的纤维和自己的唾液混合后，修筑出纸样的巢。

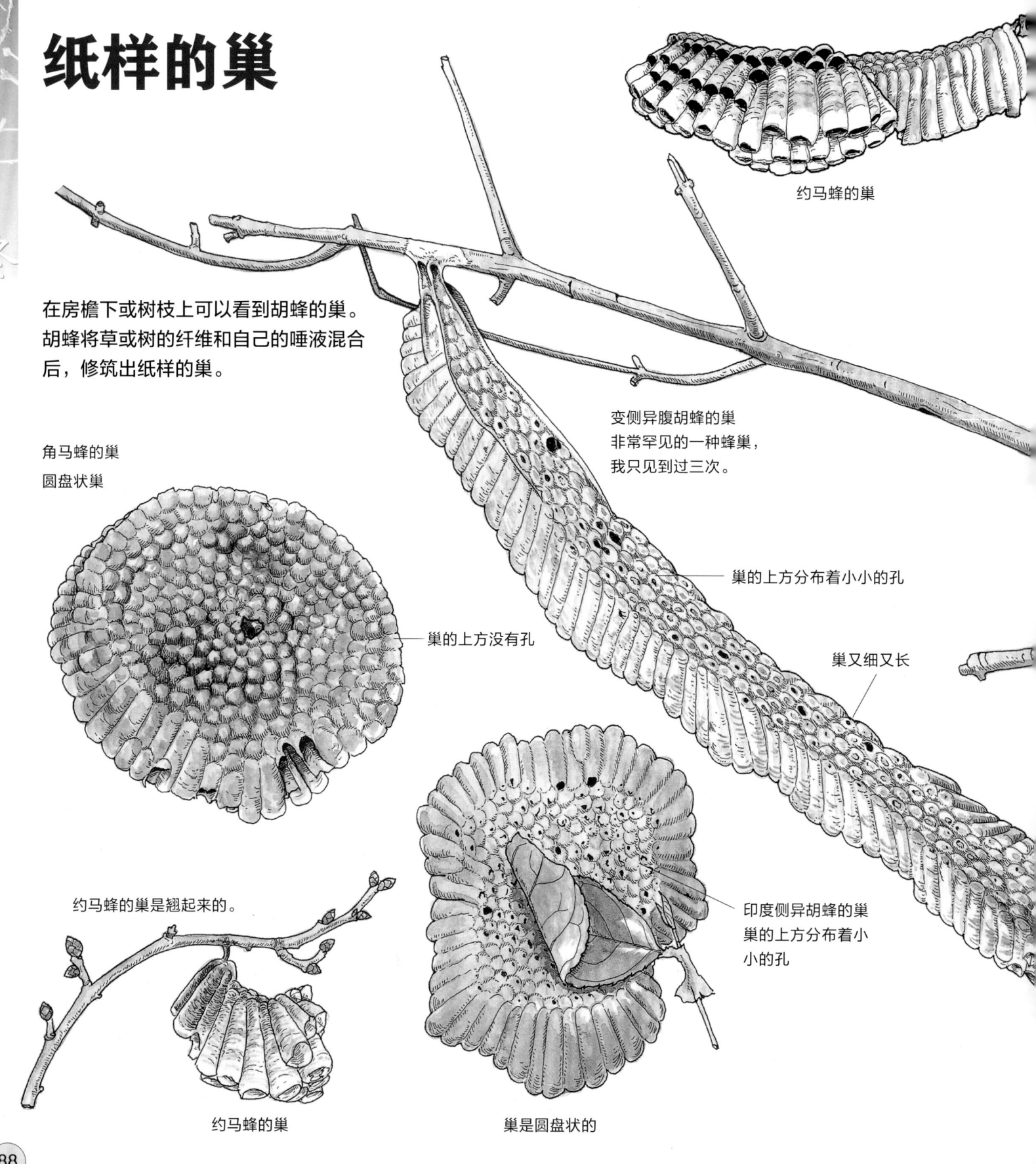

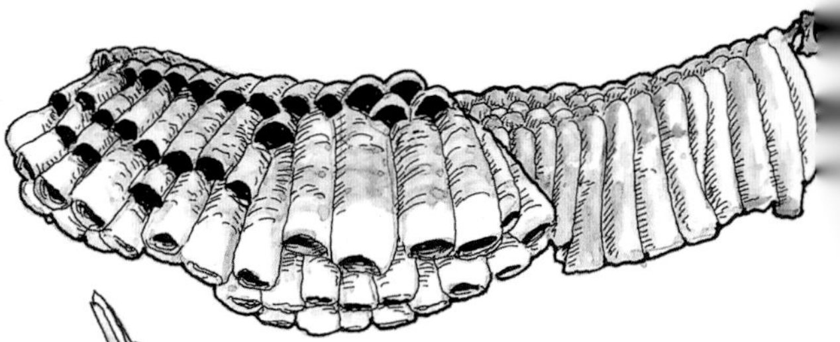

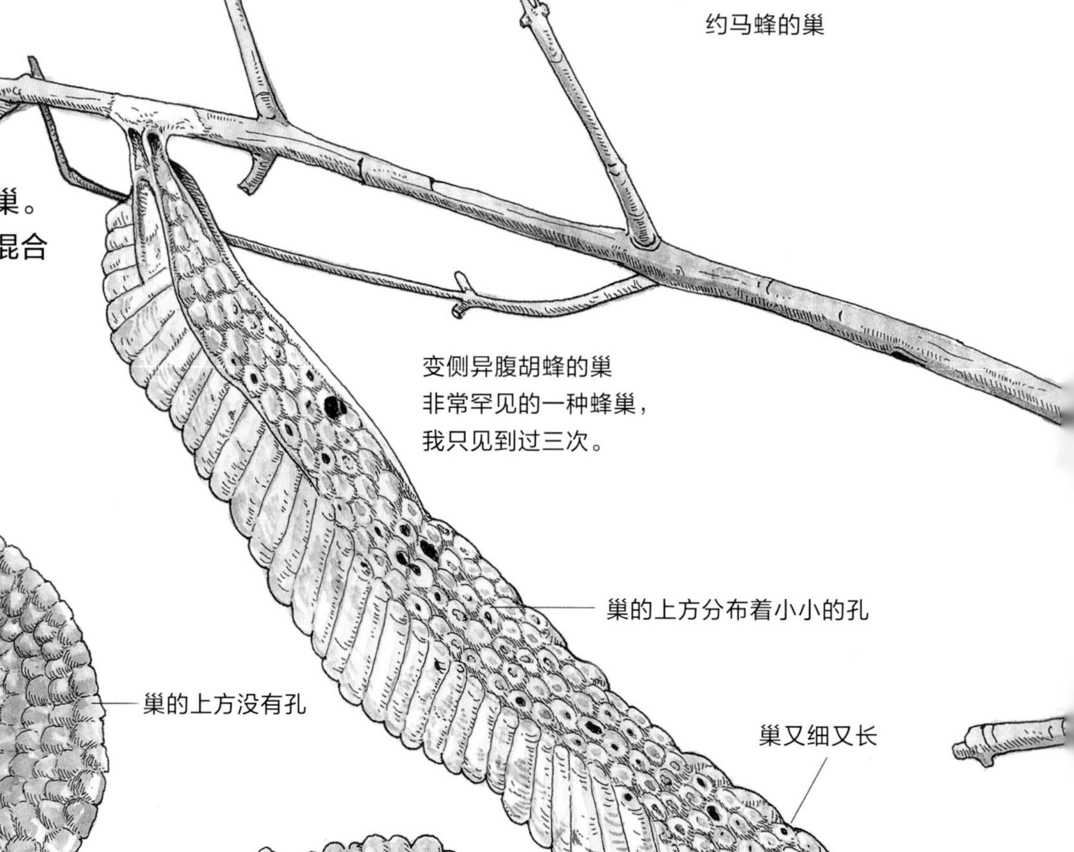

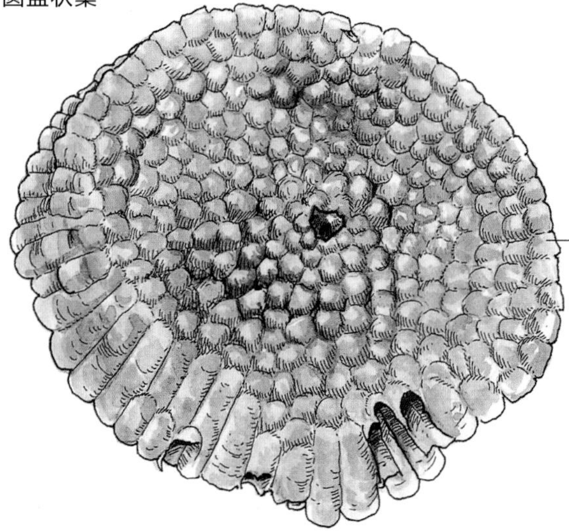

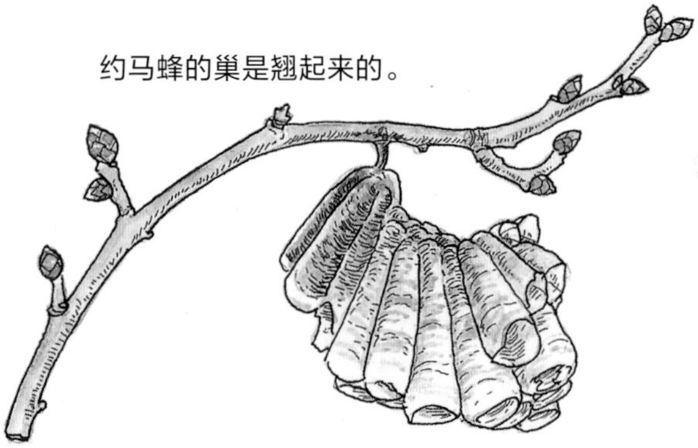

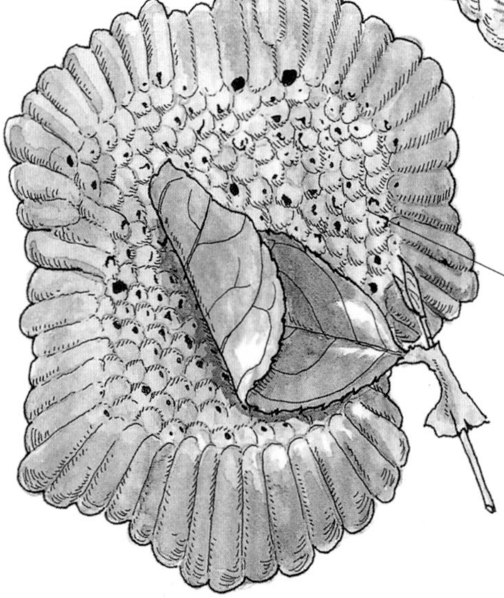

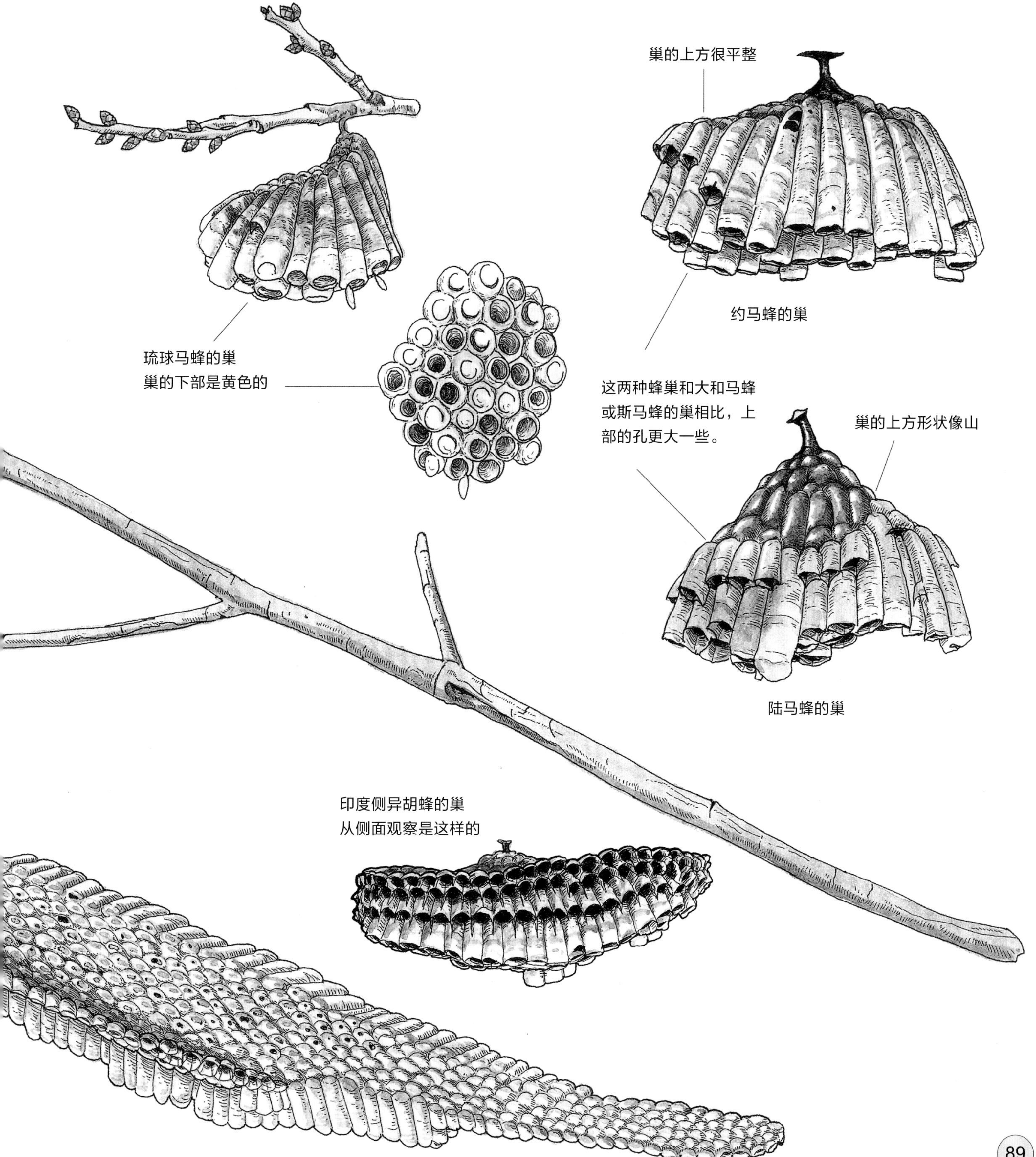
巢的上方很平整
琉球马蜂的巢
巢的下部是黄色的
约马蜂的巢
这两种蜂巢和大和马蜂
或斯马蜂的巢相比，上
部的孔更大一些。
巢的上方形状像山
陆马蜂的巢
印度侧异胡蜂的巢
从侧面观察是这样的

枯木中的“住户”

昆虫中有的是以卵或蛹的形态过冬，有的是以成虫的形态过冬。我们常常可以在枯木或朽木中发现它们。

林间倒下的枯树中，生活着日环胡蜂的女王蜂。它在枯树中挖出隧道，帮助自己过冬。

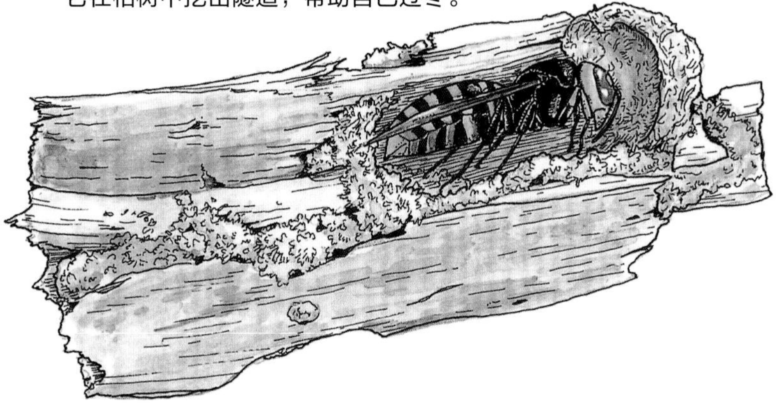

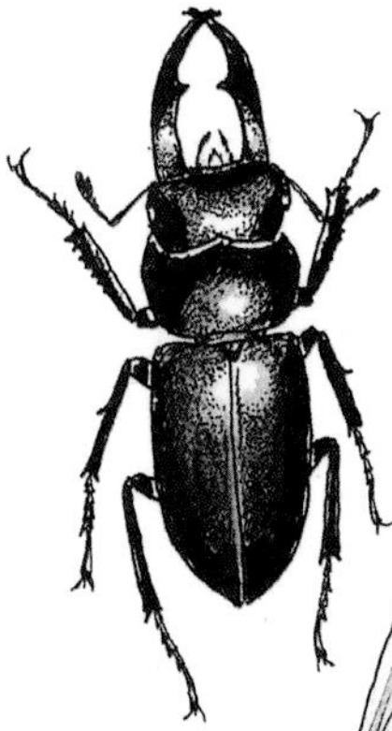

直莫锹甲

直莫锹甲的幼虫挖出的隧道

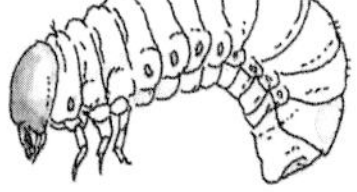

直莫锹甲的幼虫

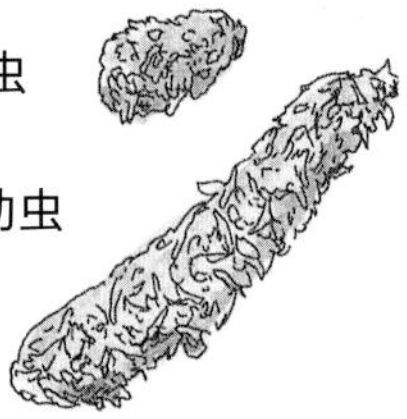

直莫锹甲幼虫的粪便

在长期种植香菇的木片中发现的直莫锹甲

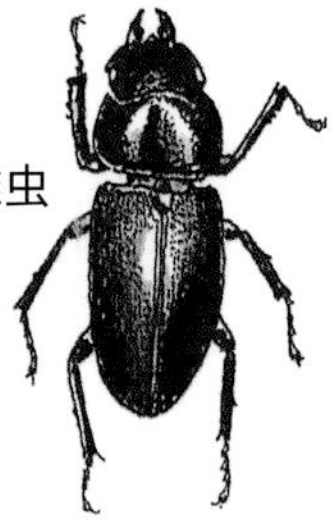

雌虫

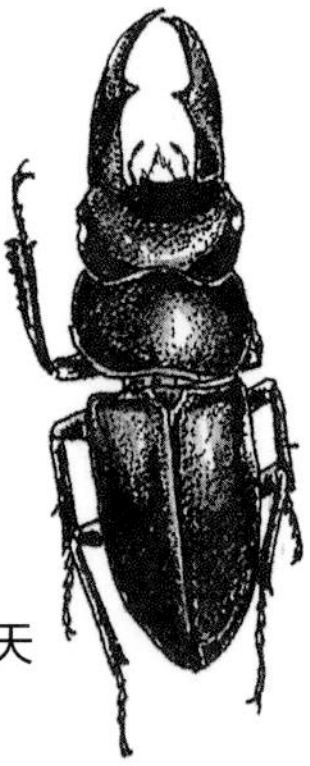

雄虫

直莫锹甲的成虫顺利度过冬天之后，可以存活很多年。

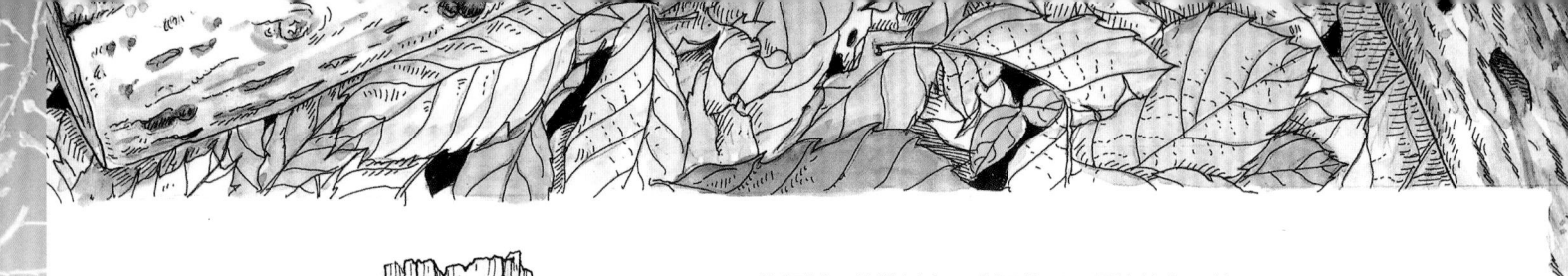

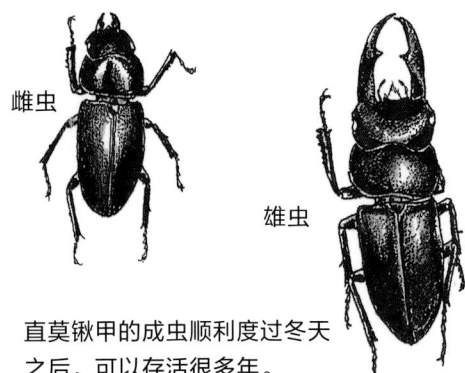

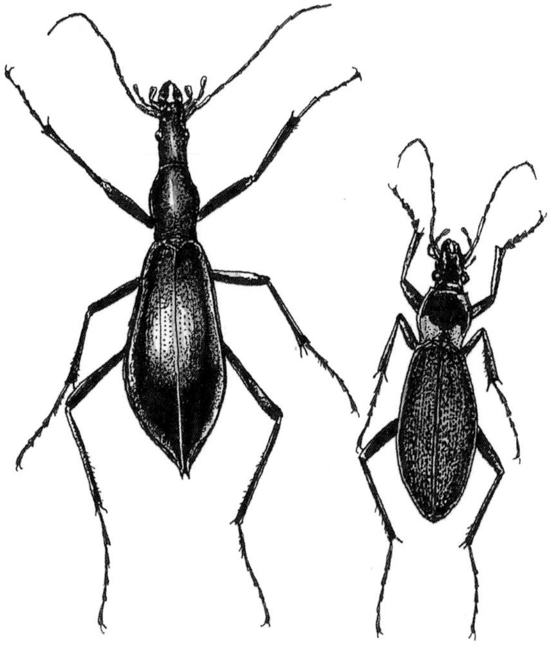

被堆放在一起的朽木中，生活着打算在这里过冬的食蜗步甲和大步甲。

在松树的树皮下发现的虫子们

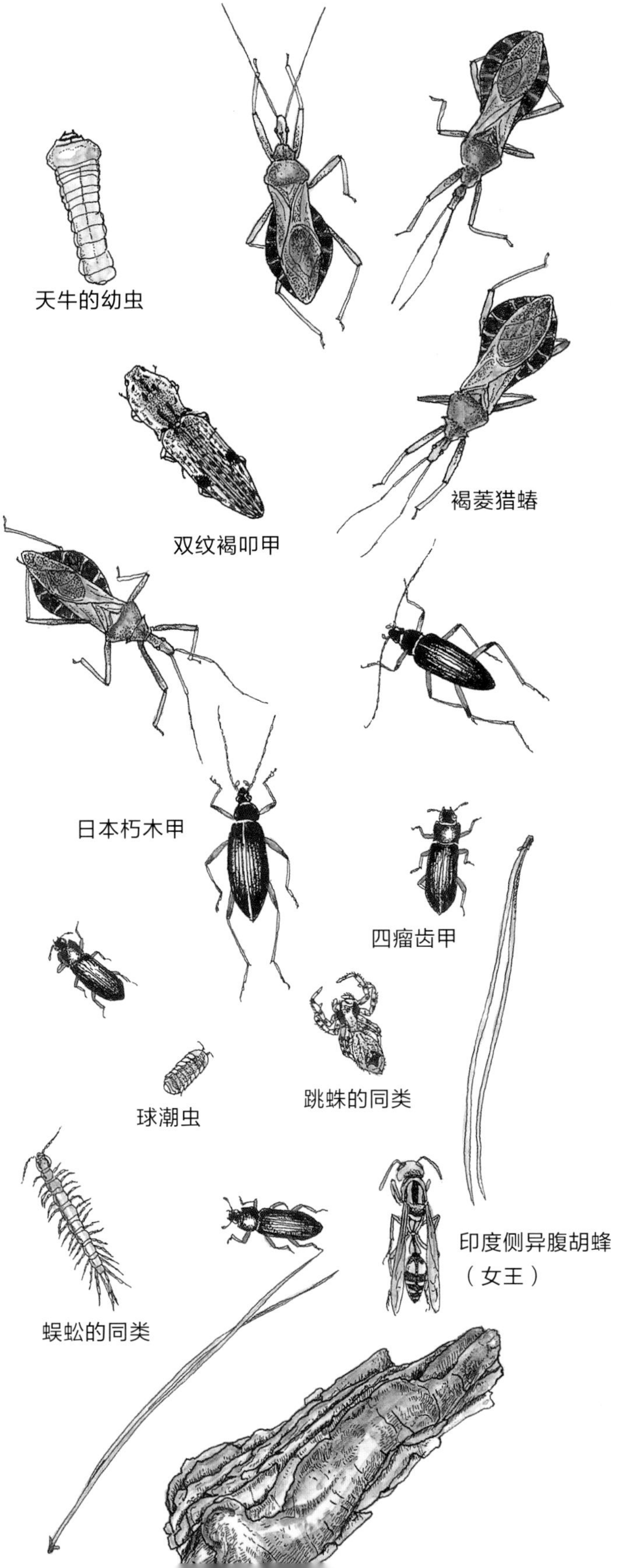

因松材线虫病而枯死的松树，树皮下有各种各样的昆虫。这棵松树为昆虫们提供了过冬的好地方。

骨头也是宝物

骨头也是动物们留给我们的宝物呢！通过研究它们的牙齿，我们可以判断它们爱吃什么食物。不仅如此，研究动物各部位的骨头的形状，我们还可以了解它们身体的构造呢！

长尾林鸮吐出的食团和食团中的残留物（食团：食肉动物在进食后把不能消化的东西在消化道里积存成小团，然后吐出的丸状物）

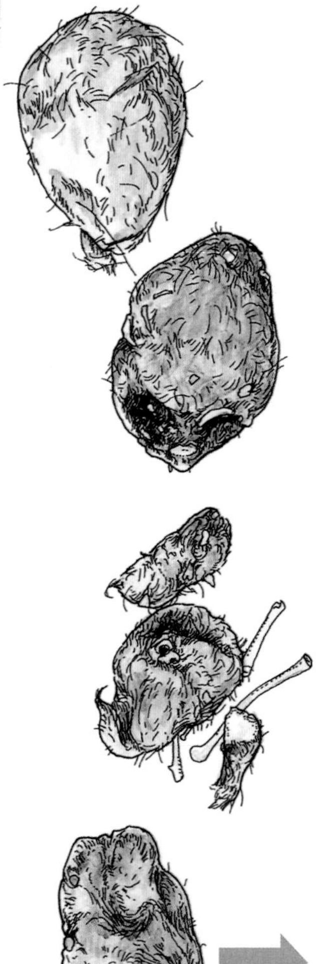

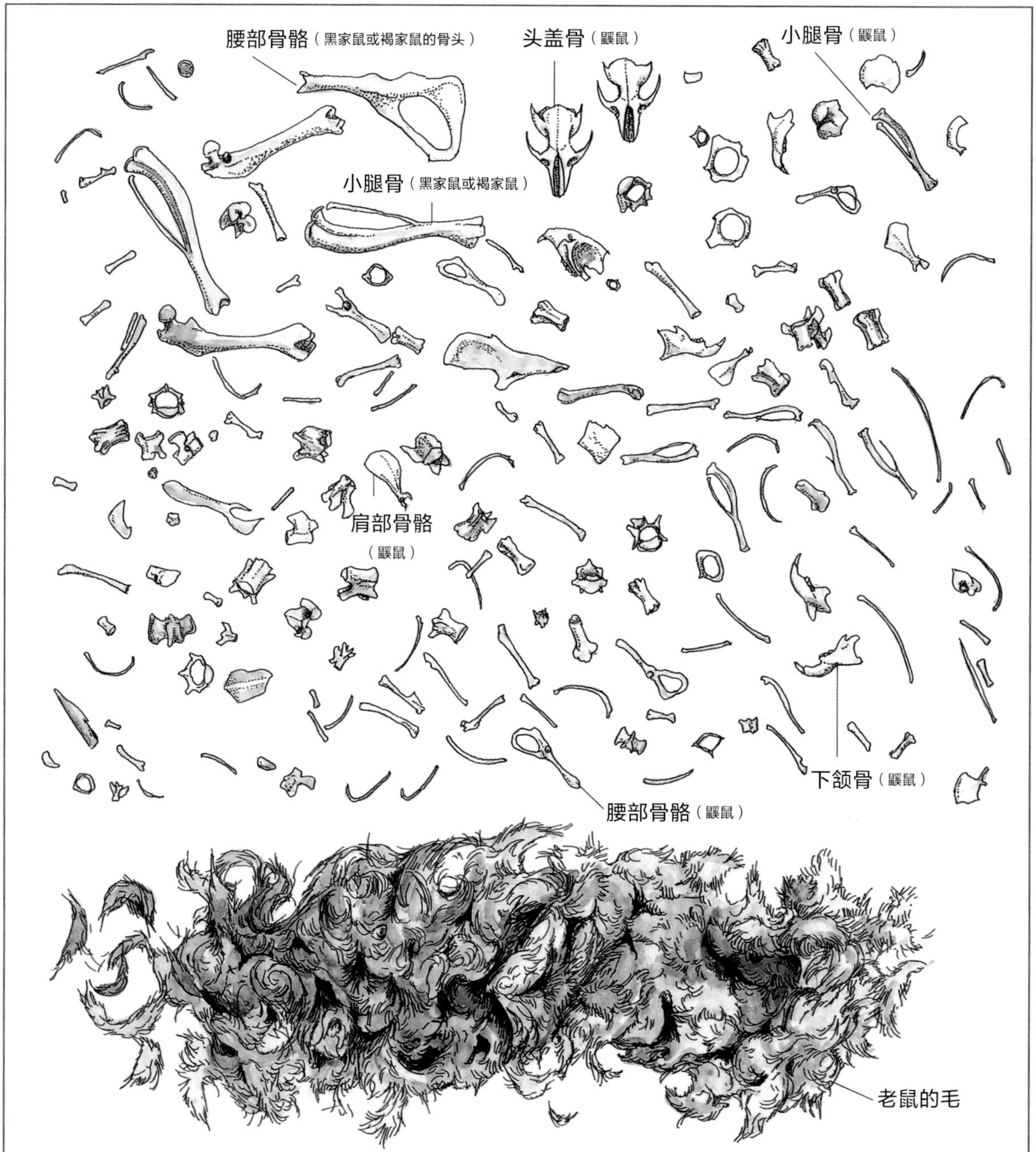

把食团分解开来看看

在河滩上发现的狗的骨骼。

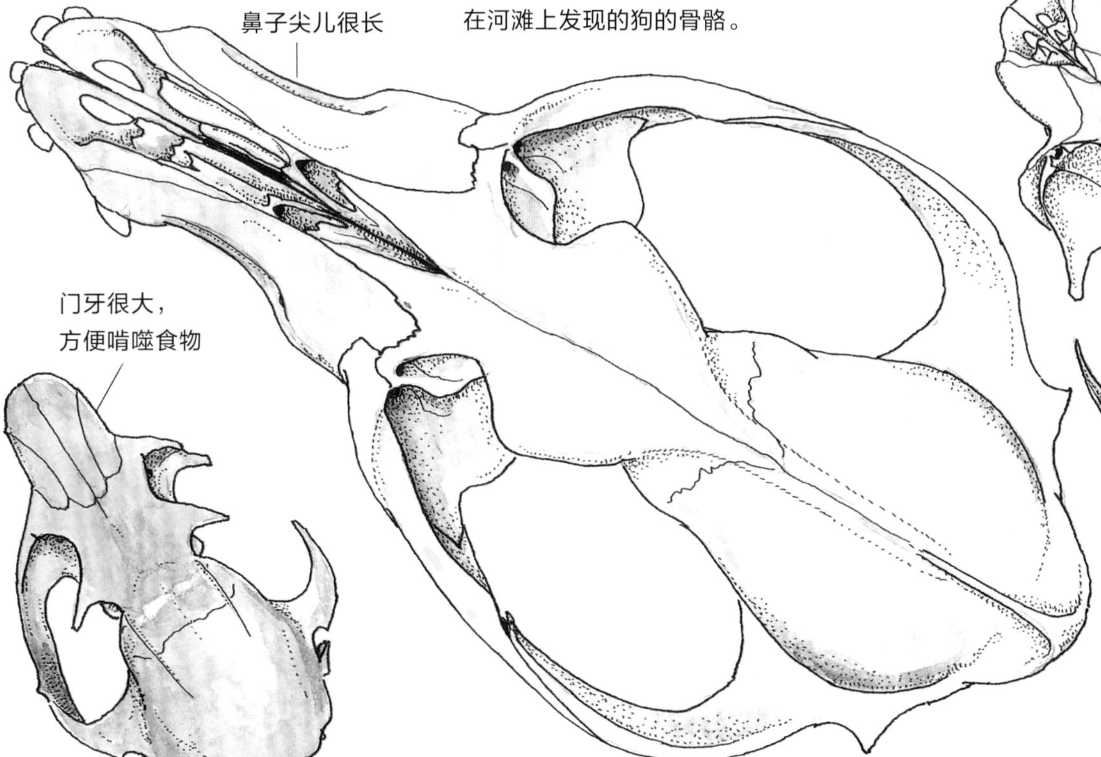

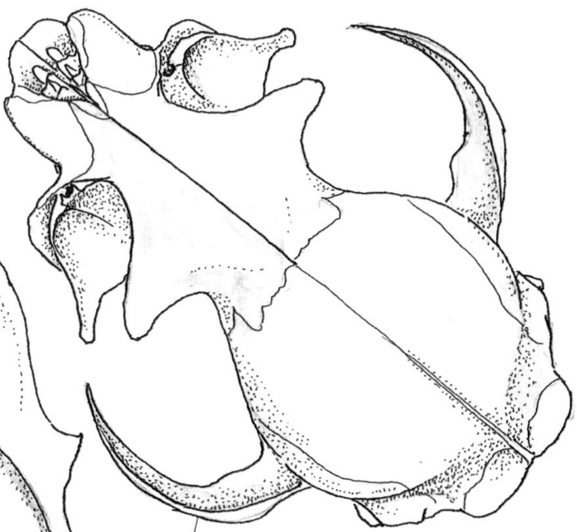

在树林边上发现的猫的骨骼。

在废弃的房子中发现的鼯鼠的骨骼。

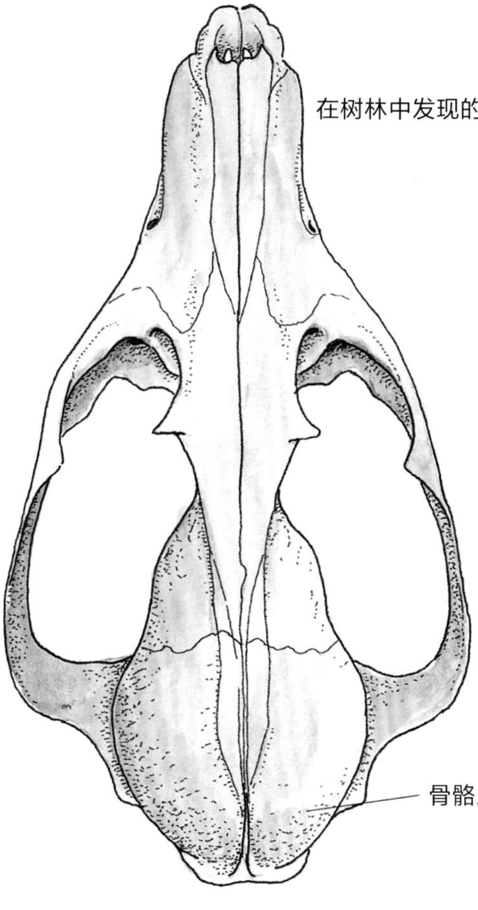

在树林中发现的貉的骨骼。

在校园中发现的鼹鼠的骨骼，鼹鼠被猫捕杀后渐渐腐化，只剩下骨头。

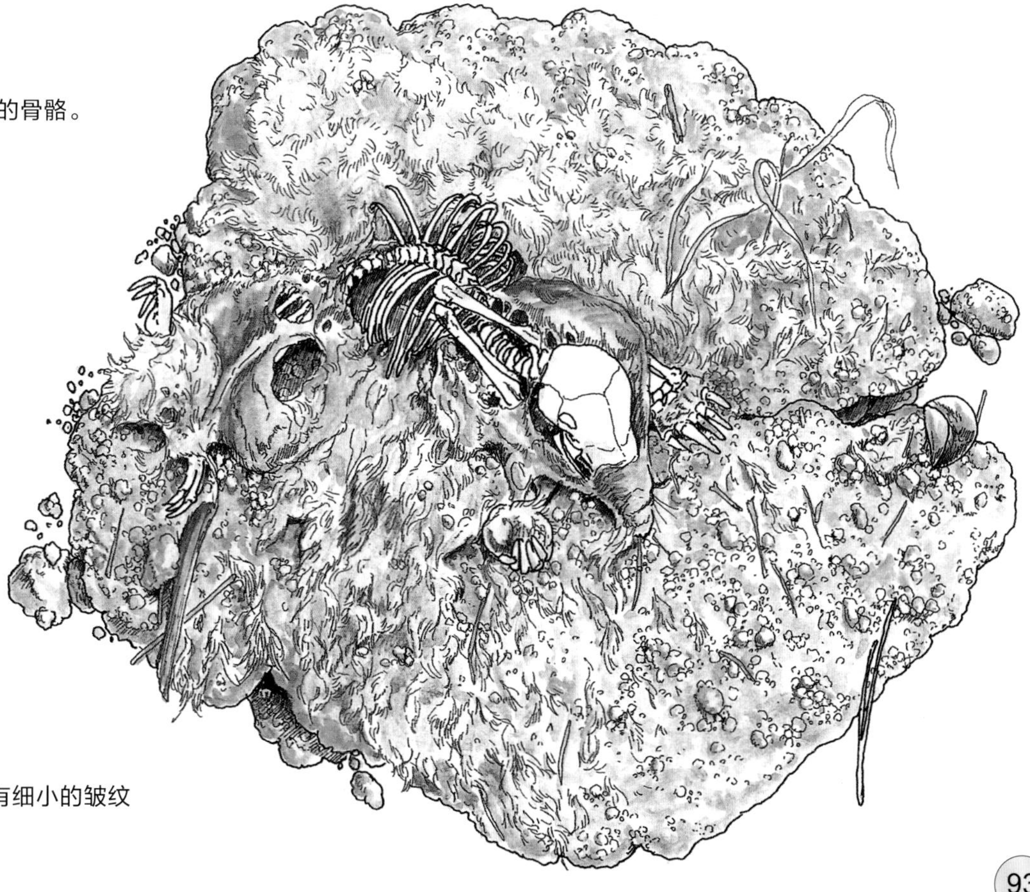

雪地上的脚印

下雪啦！雪后可以去小树林里转转哟，留在雪地上的脚印会告诉你有哪些小动物生活在这里。

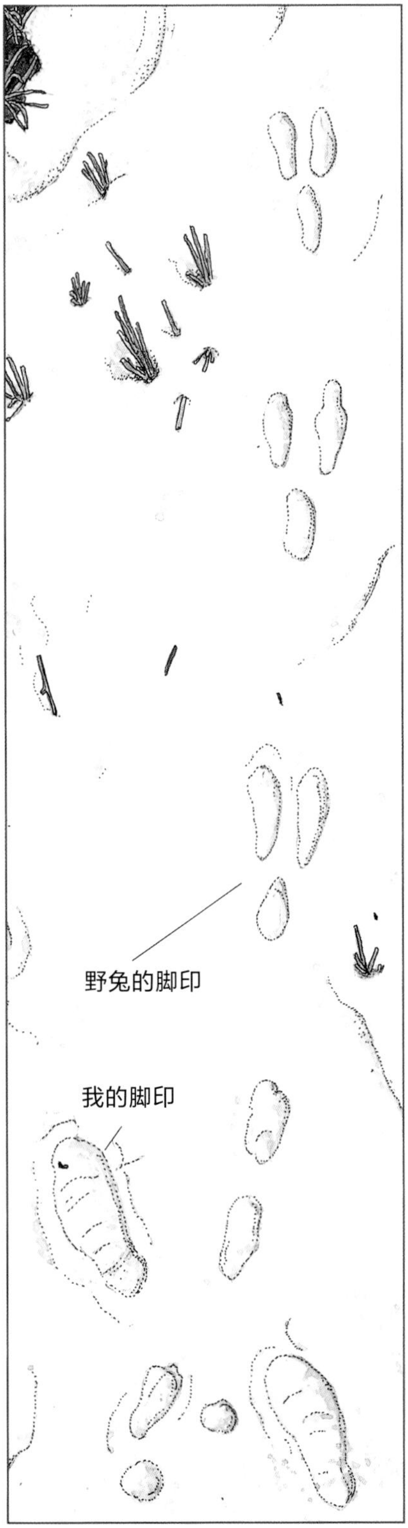

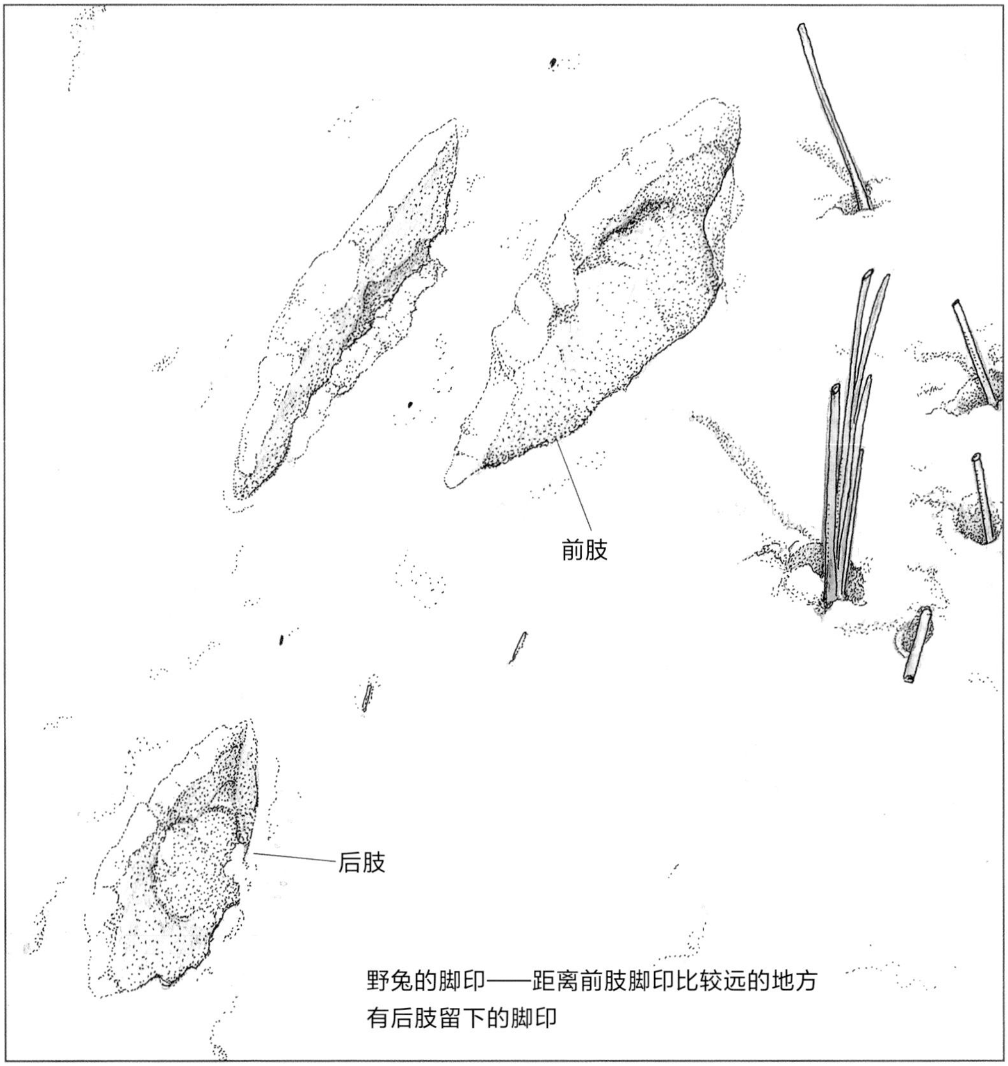

小狗的脚印

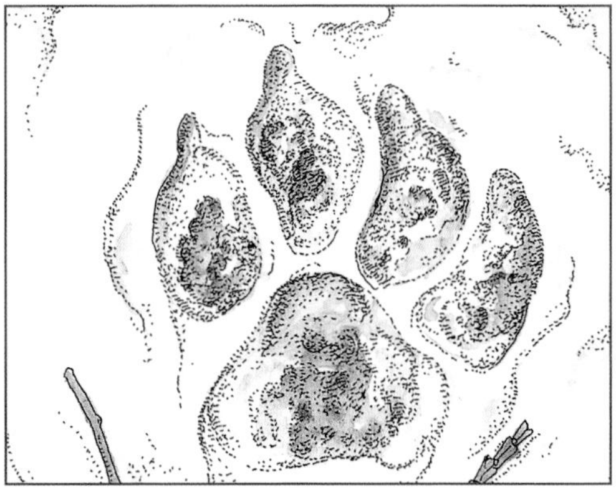

貉的脚印

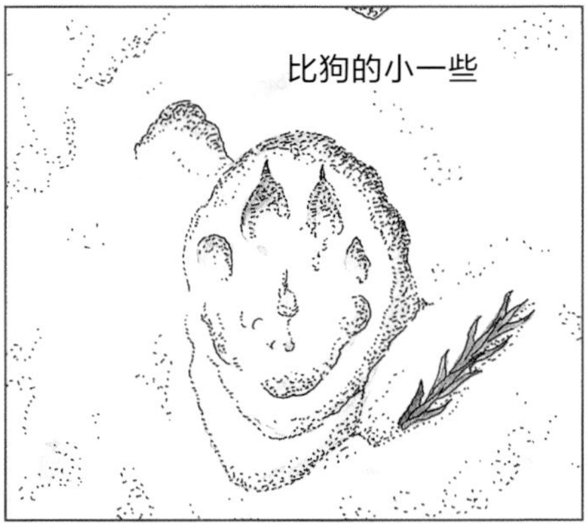

和实物差不多大小的动物足印

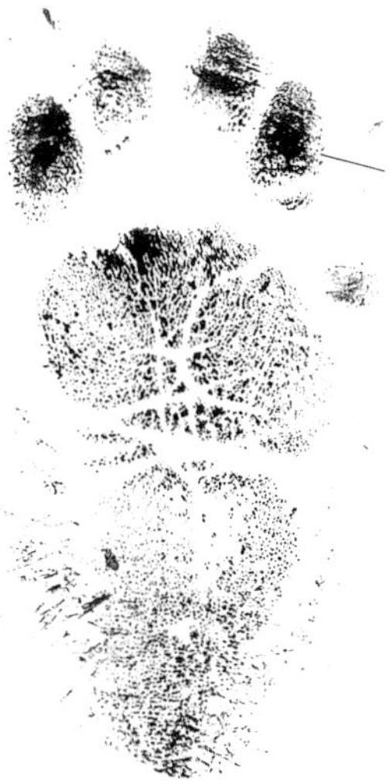

有五根脚趾

日本獾

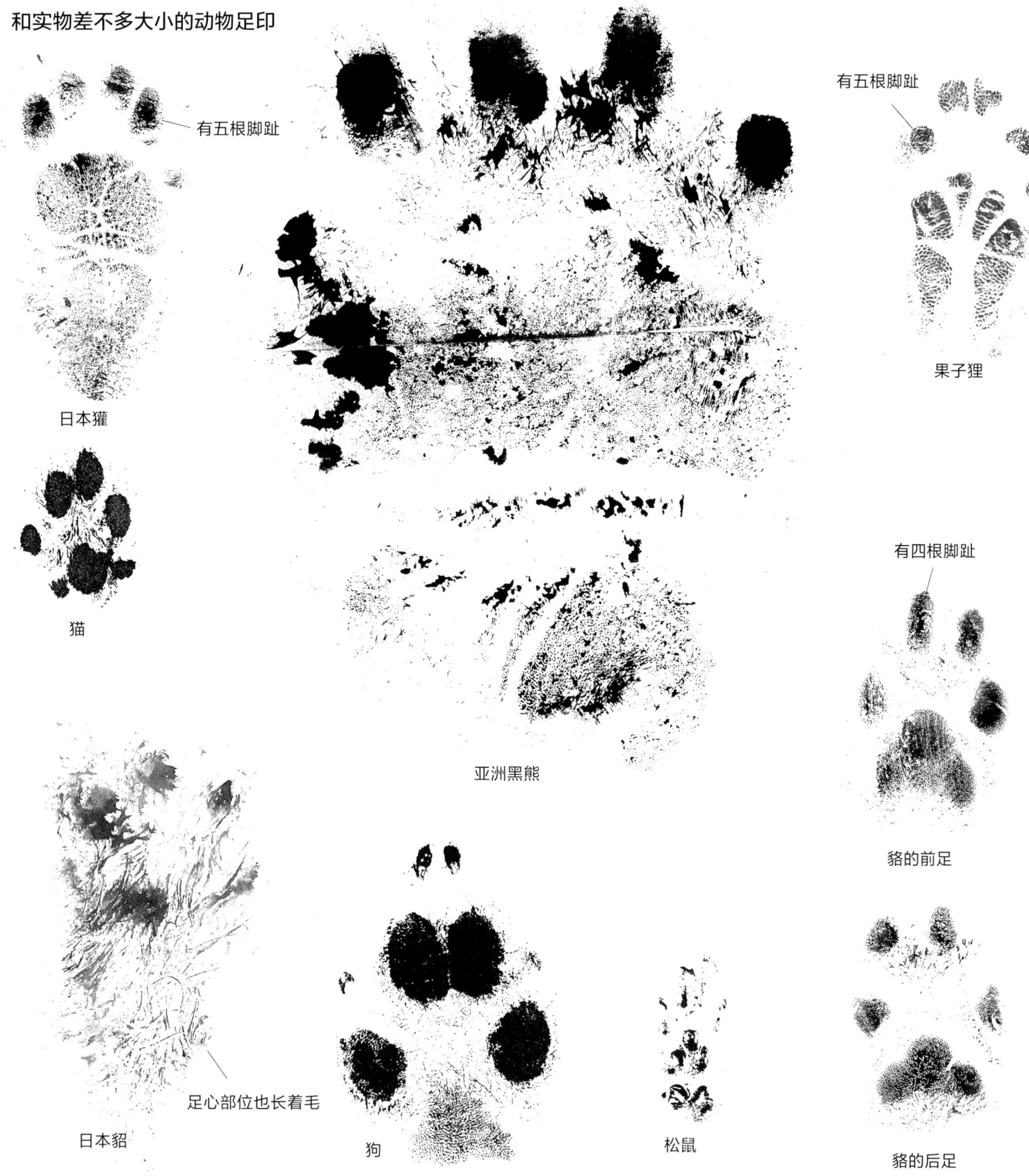

亚洲黑熊

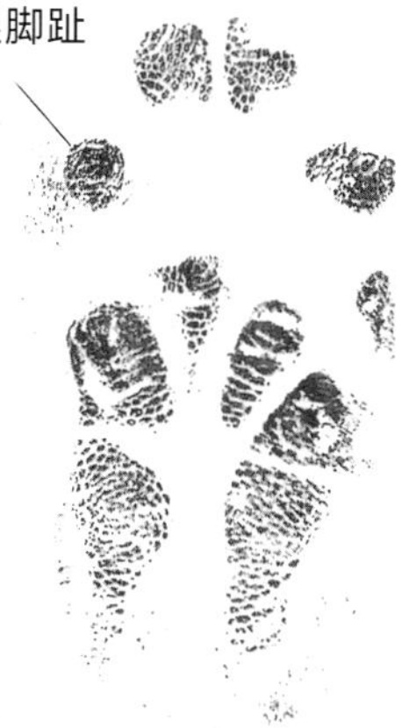

有五根脚趾

果子狸

猫

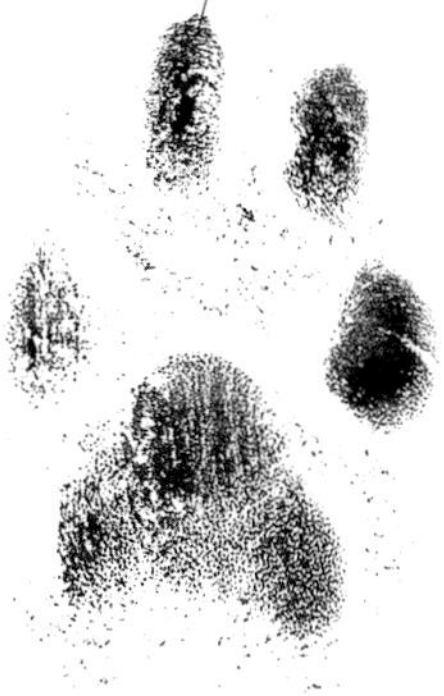

有四根脚趾

貉的前足

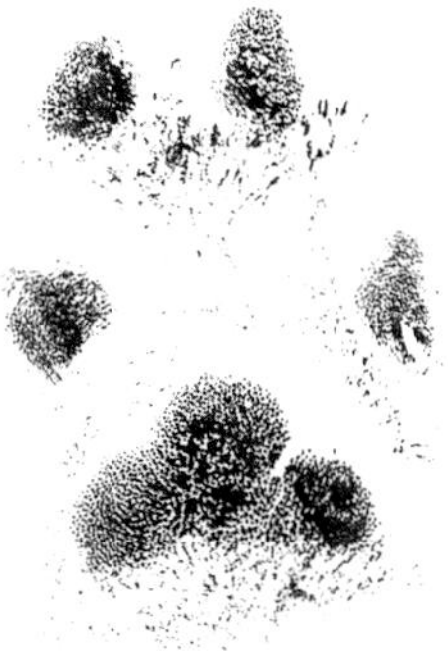

貉的后足

足心部位也长着毛

日本貂

狗

松鼠

羽毛

漫步在冬天的树林里，不时会捡到各种各样的鸟的羽毛。这些羽毛为什么会脱落呢？它们的主人是谁呀？

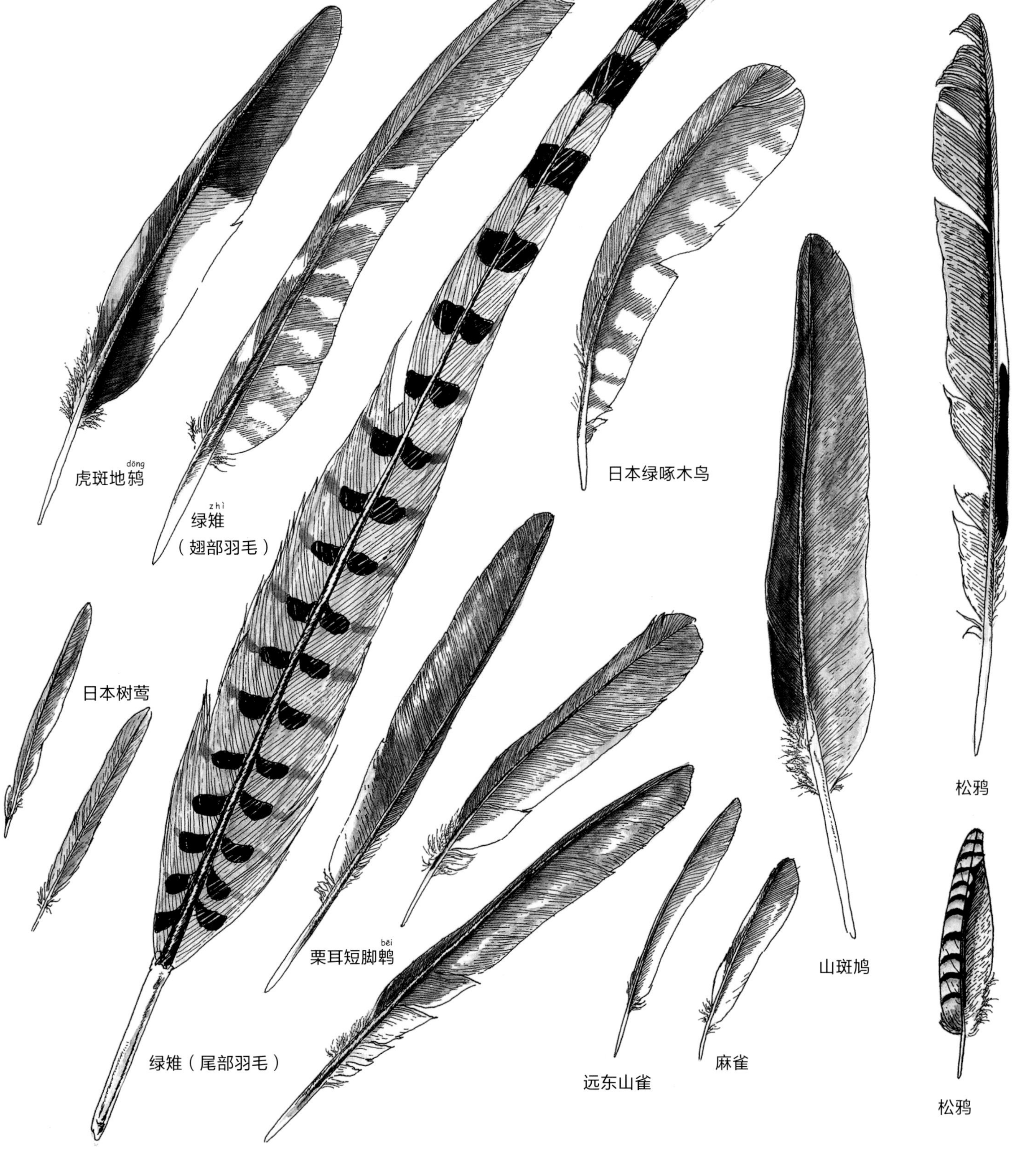

夜鹭

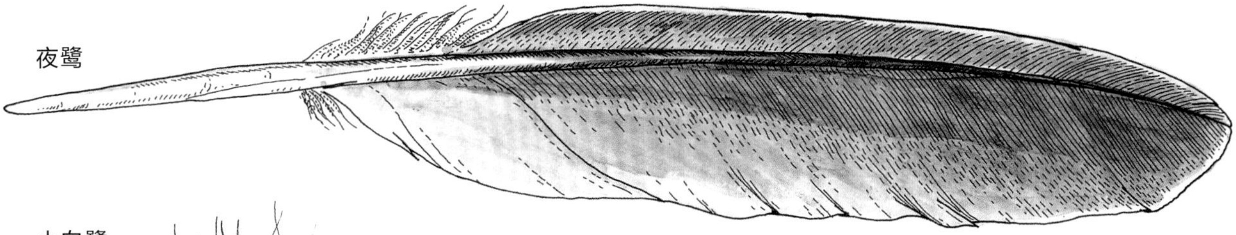

小白鹭

野鸭的某种同类的羽毛

这是什么鸟的羽毛呢？

沿着河边散步，你会发现成堆的鸟儿散落的羽毛。这些羽毛都是被苍鹰吃掉的小鸟留下来的。如果你去河滩上转转，就会发现许多野鸭留下的羽毛——河滩地带的羽毛当然有河滩地带的特色啦！

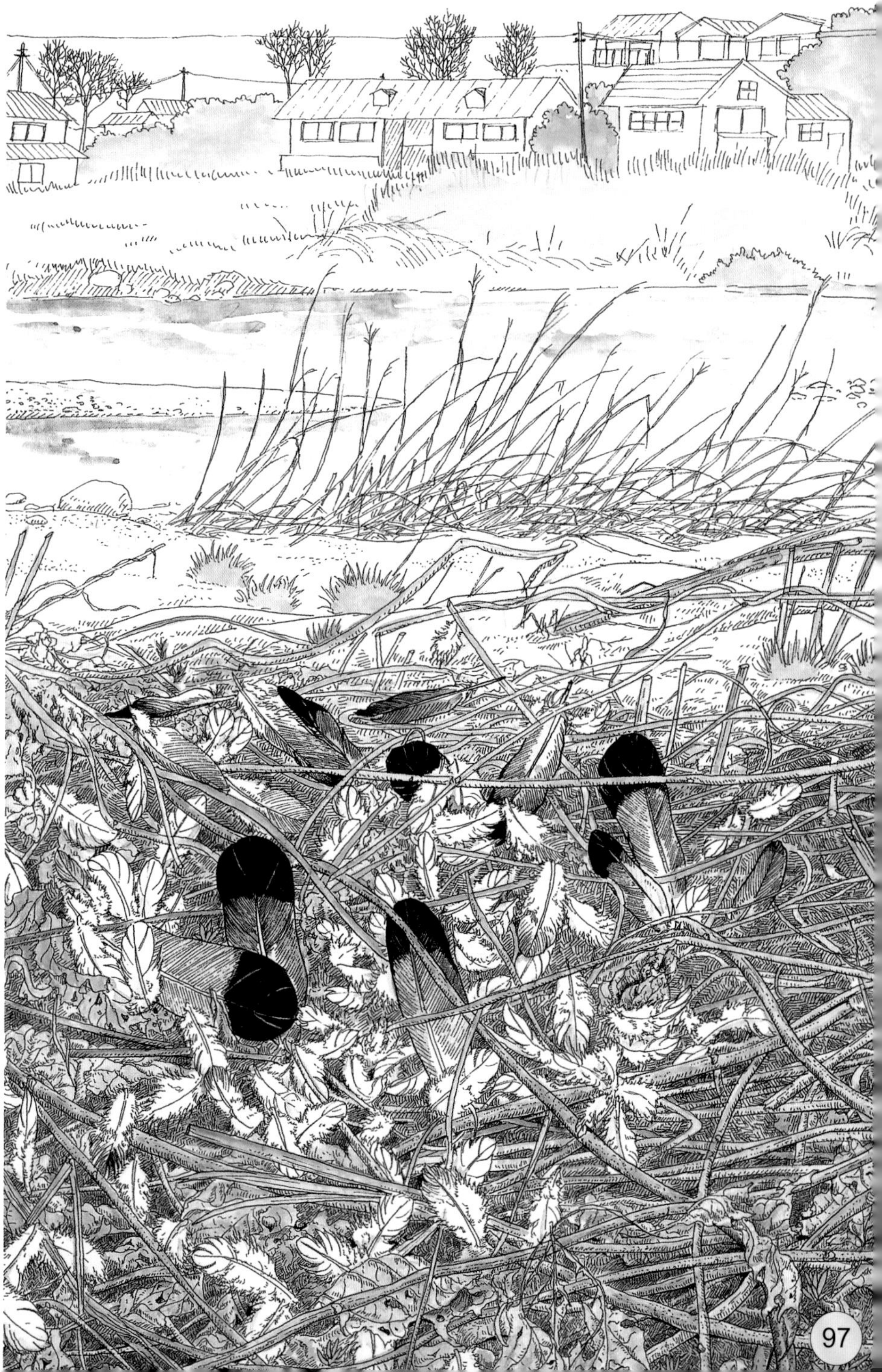

河滩上也有被苍鹰吃掉的小鸟的羽毛。这是被苍鹰捉到的鸽子留下的羽毛。

鸟的空巢

鸟儿每年都会改建自己的鸟巢。让我们来瞧瞧旧的鸟巢箱，再来观察一下里面早已掉光了叶子的树枝吧！这样我们可以了解鸟儿留下的空巢是什么样子的。

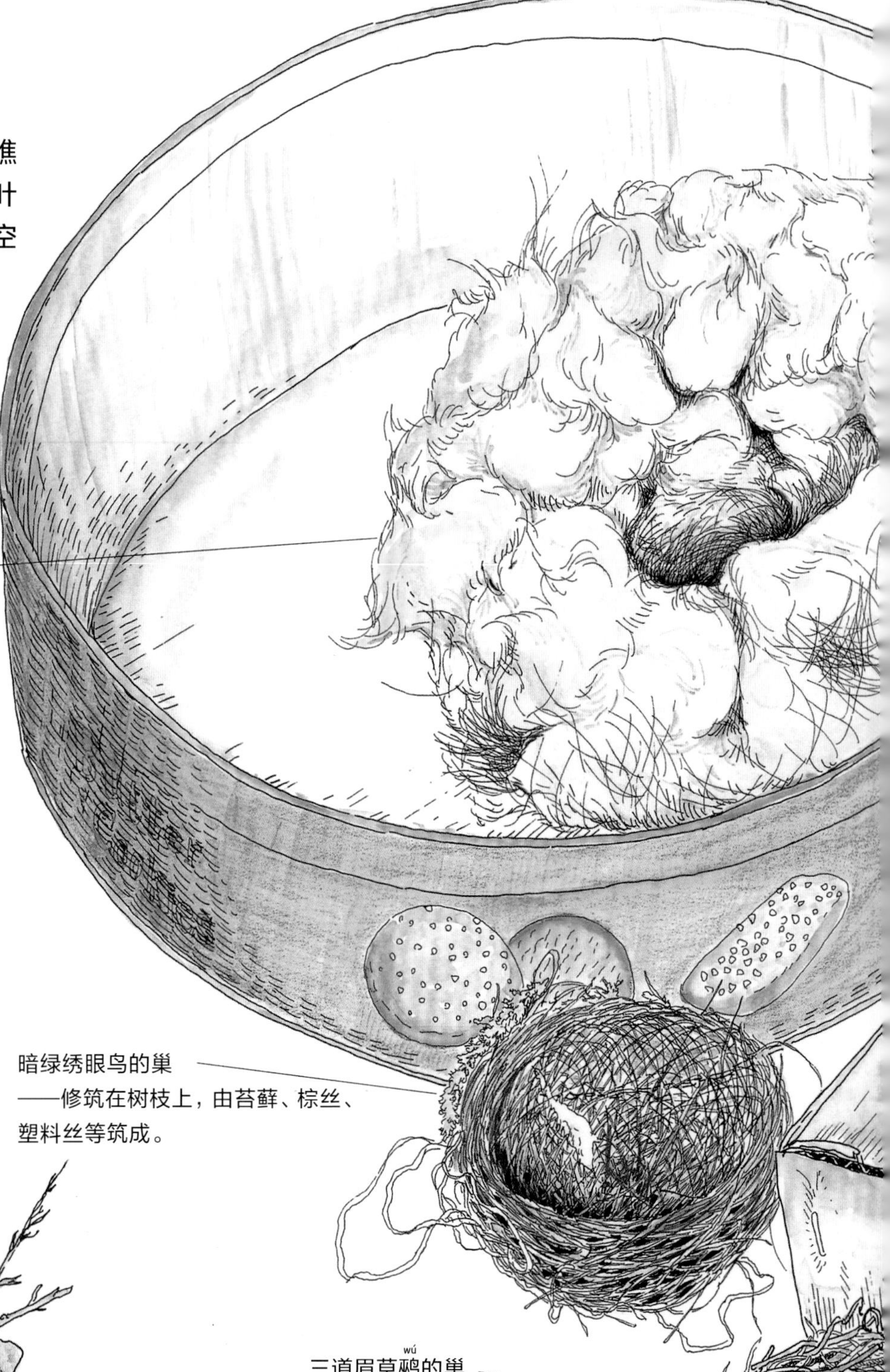

远东山雀的巢——用一些隔热的材料和人类的头发筑成。图中的鸟巢发现于废弃的邮箱中。

白腹毛脚燕的巢——用泥和草茎筑成。在学校校舍的屋檐下找到的。

暗绿绣眼鸟的巢——修筑在树枝上，由苔藓、棕丝、塑料丝等筑成。

三道眉草鹀的巢——修筑在树枝上，由藤蔓、植物根须及草茎等筑成。

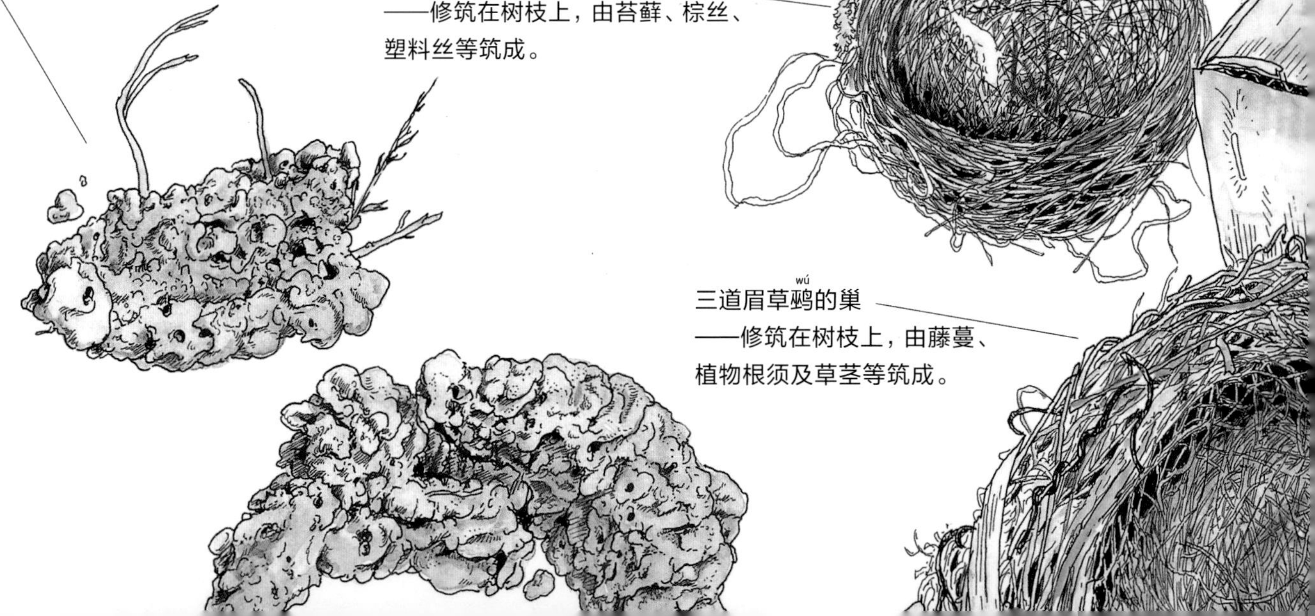

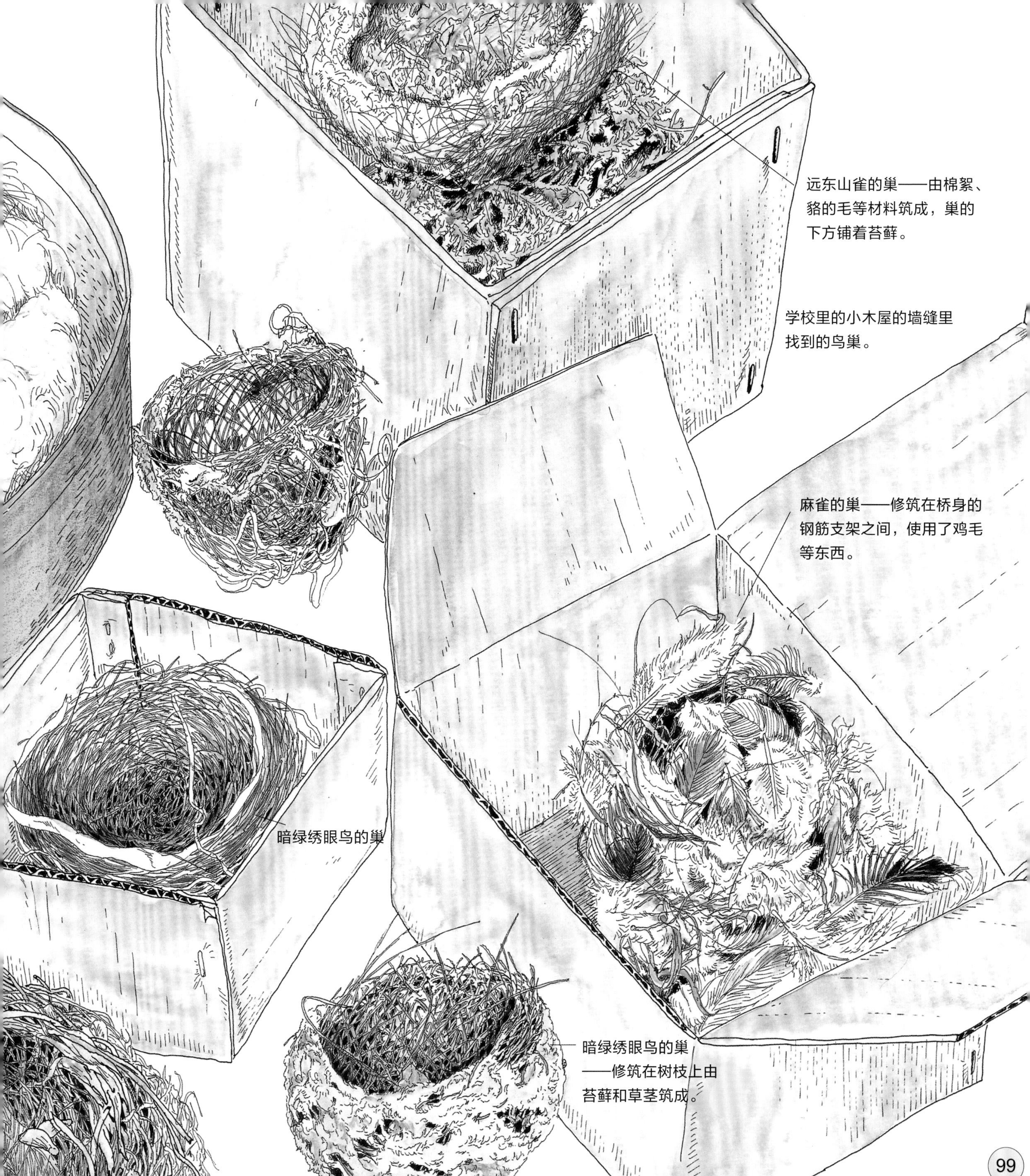
远东山雀的巢——由棉絮、貉的毛等材料筑成，巢的下方铺着苔藓。
学校里的小木屋的墙缝里找到的鸟巢。
麻雀的巢——修筑在桥身的钢筋支架之间，使用了鸡毛等东西。
暗绿绣眼鸟的巢
暗绿绣眼鸟的巢——修筑在树枝上由苔藓和草茎筑成。

枯枝的艺术

枯枝真的只是光秃秃、毫无生气的树枝吗？错啦！枯枝上不但有等待着春天的冬芽，还有等待着春天的虫子呢！

镶黄蜾蠃的空巢
（大花四照花的树枝）

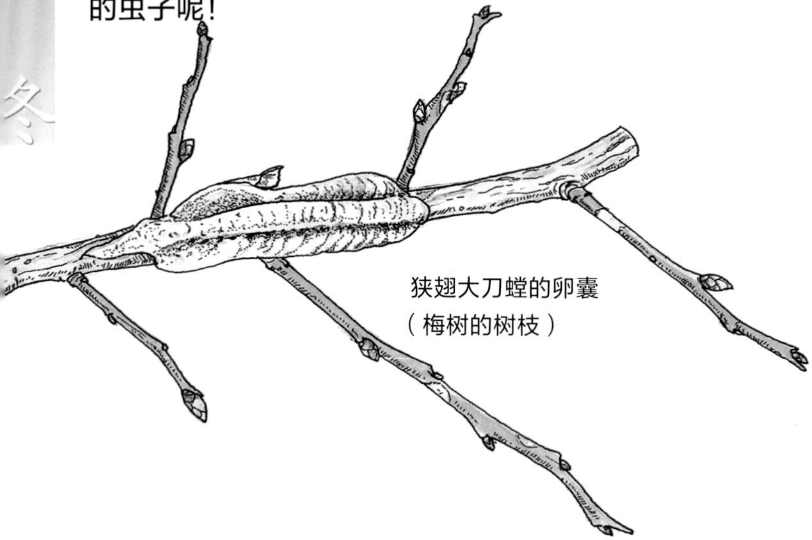

狭翅大刀螳的卵囊
（梅树的树枝）

日本蓑蛾
（樱花的树枝）

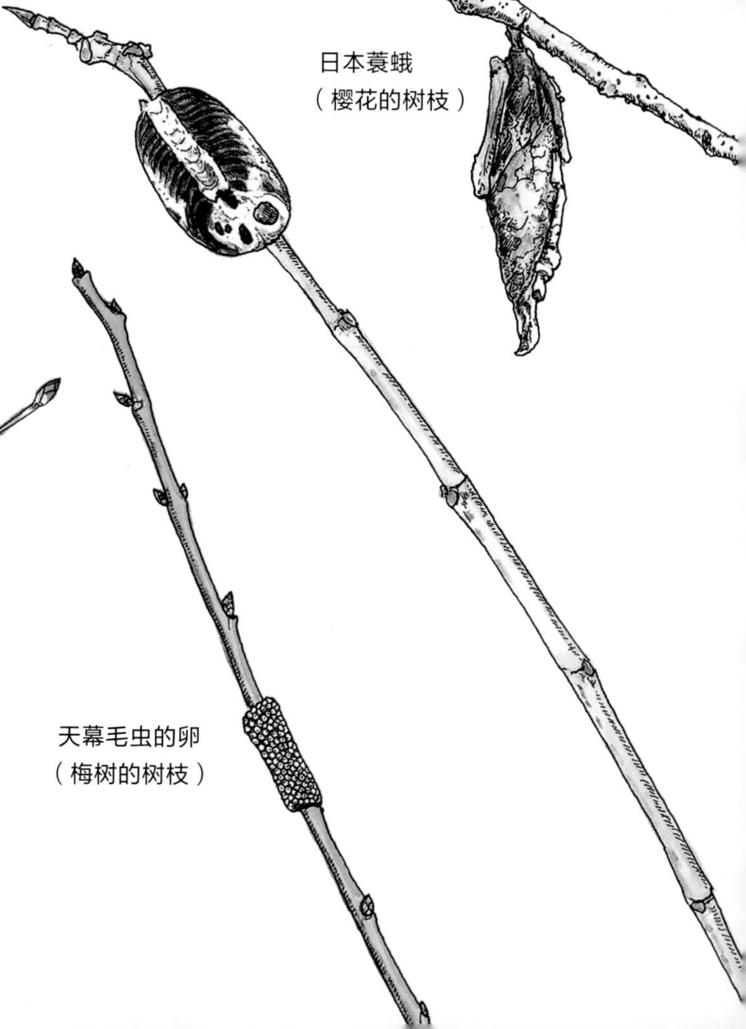

广斧螳螂的卵囊
（天仙果的树枝）

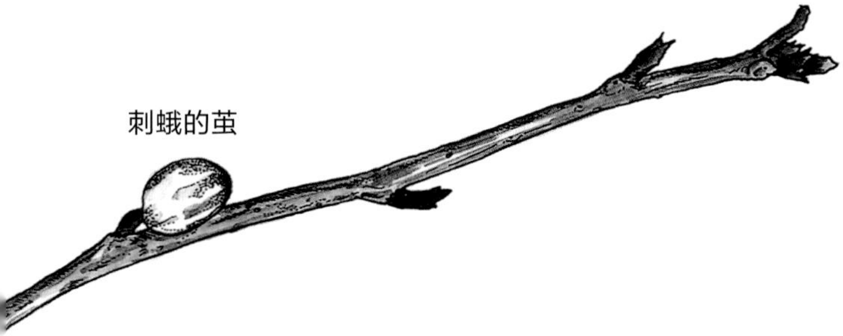

刺蛾的茧

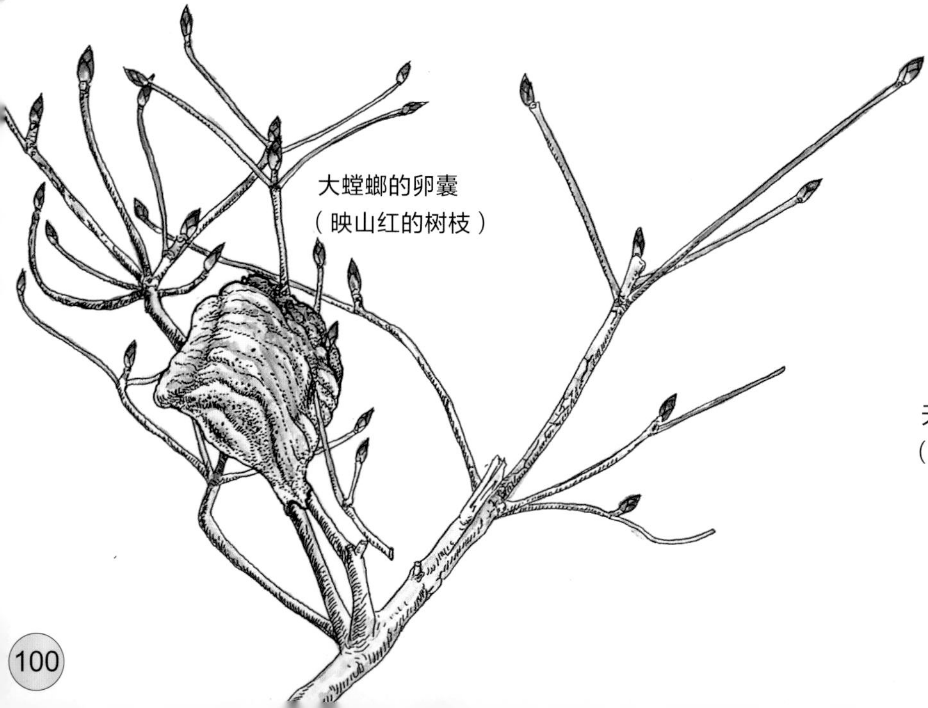

大螳螂的卵囊
（映山红的树枝）

天幕毛虫的卵
（梅树的树枝）

形态各异的冬芽

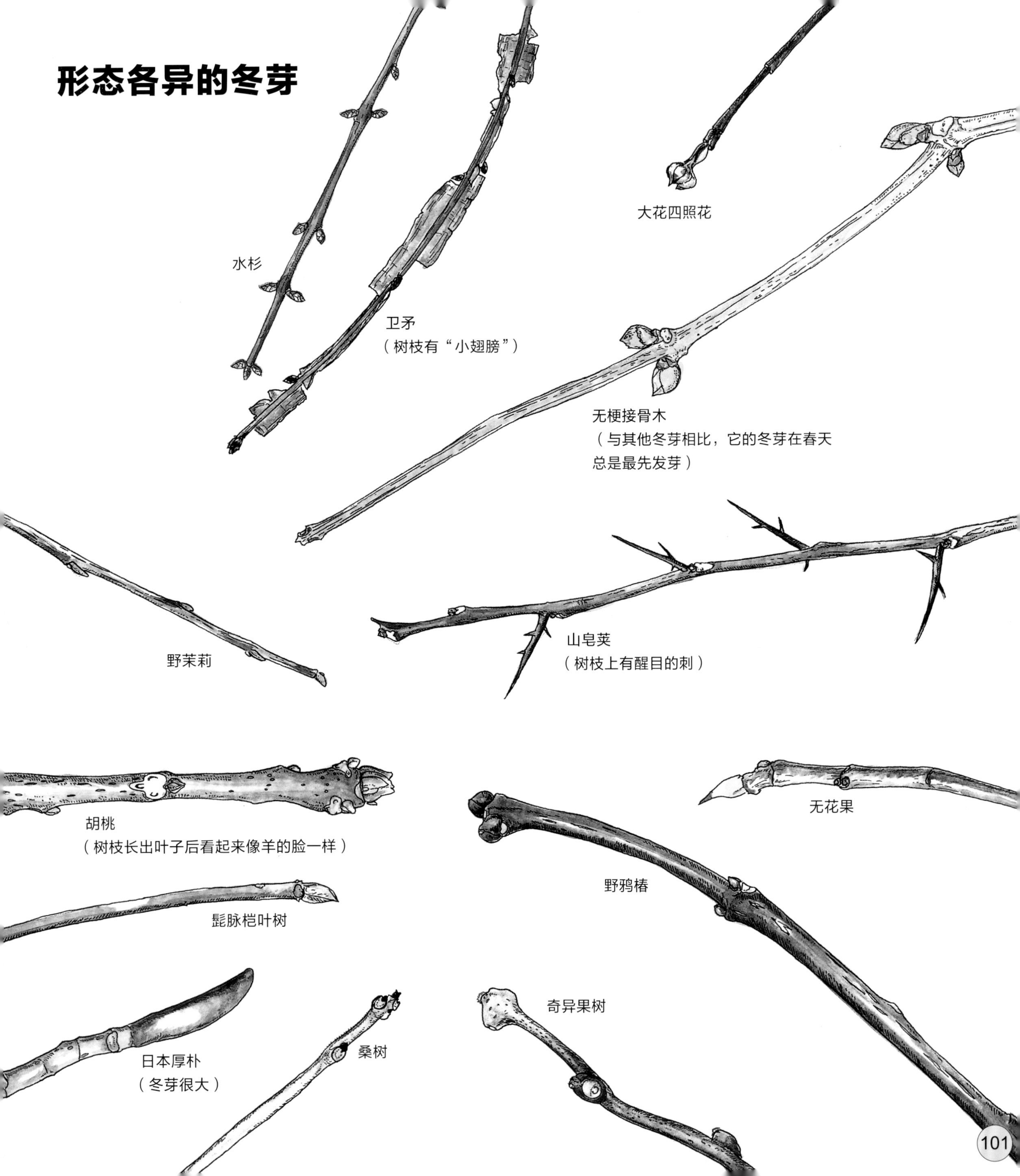

大花四照花
水杉
卫矛
（树枝有“小翅膀”）
无梗接骨木
（与其他冬芽相比，它的冬芽在春天
总是最先发芽）
野茉莉
山皂荚
（树枝上有醒目的刺）
胡桃
（树枝长出叶子后看起来像羊的脸一样）
无花果
野鸦椿
髭脉桤叶树
日本厚朴
（冬芽很大）
桑树
奇异果树

冬天的橡实

橡实也在静待春天的到来。枹栎的果实在覆盖着它的落叶下悄悄地生根，而麻栎娇小的果实则乖乖待在枝头越冬——它要等来年秋天才会长成“大个子”呢！

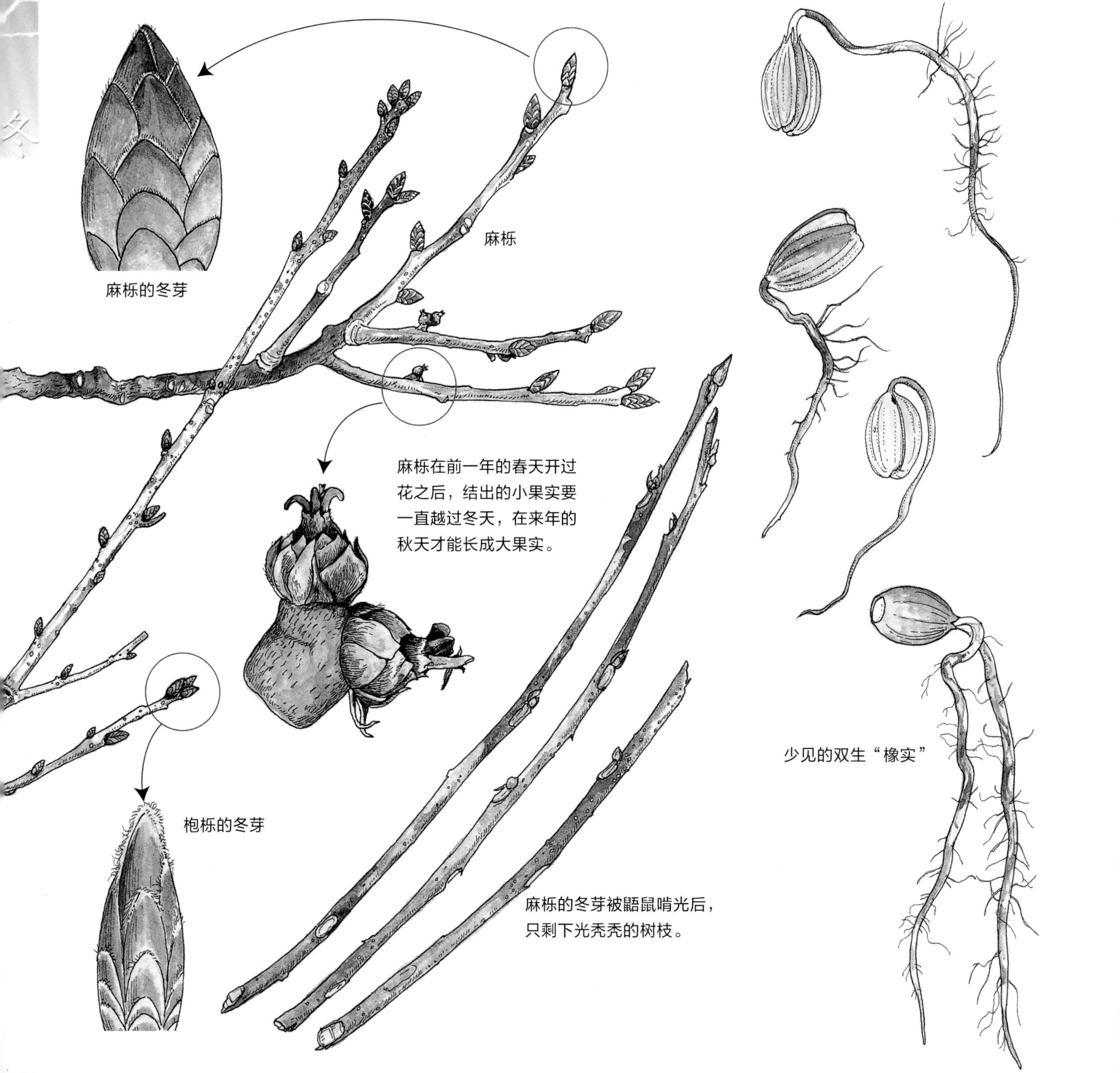

麻栎的冬芽
麻栎
麻栎在前一年的春天开过花之后，结出的小果实要一直越过冬天，在来年的秋天才能长成大果实。
枹栎的冬芽
麻栎的冬芽被鼯鼠啃光后，只剩下光秃秃的树枝。
少见的双生“橡实”

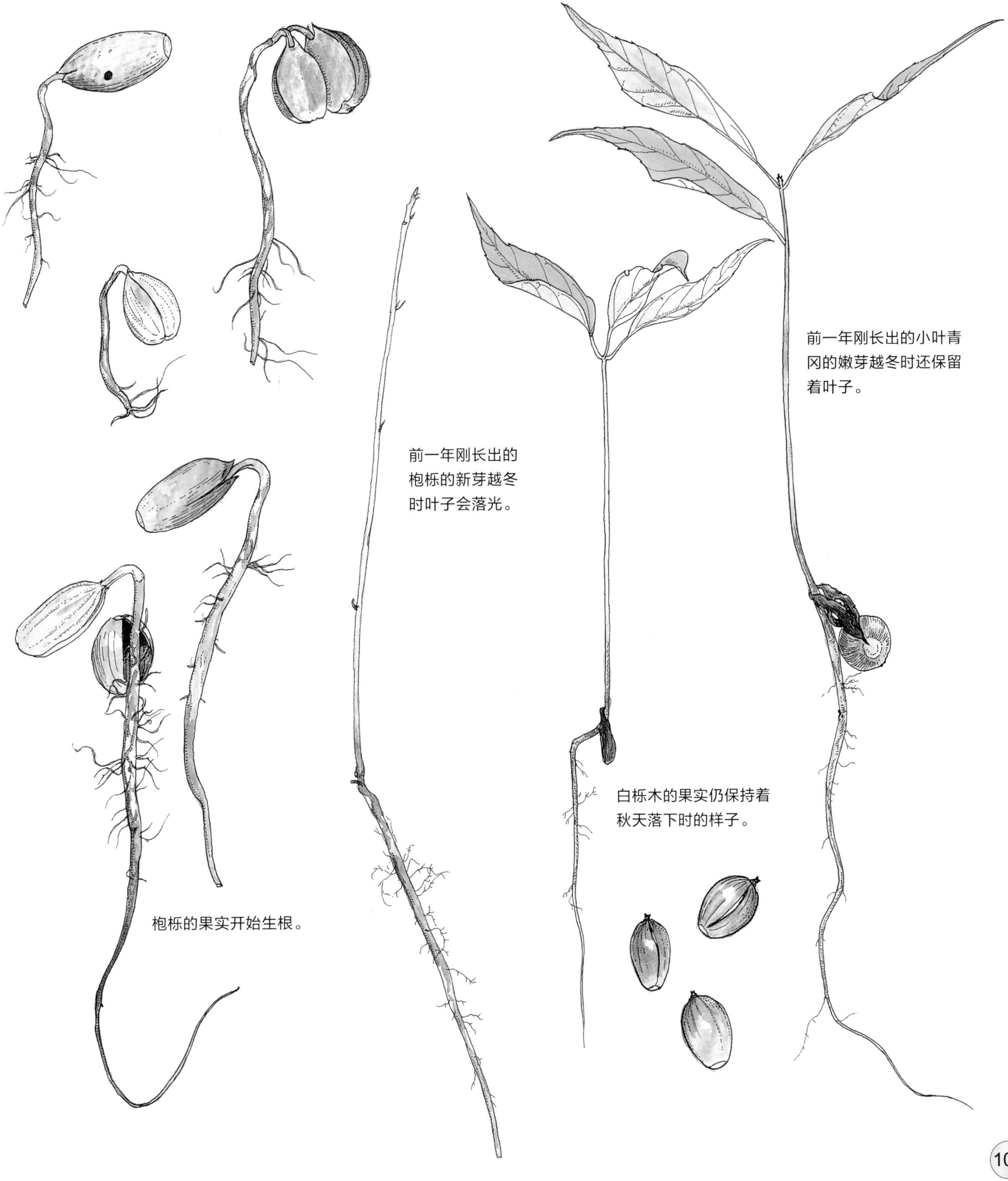

前一年刚长出的小叶青冈的嫩芽越冬时还保留着叶子。

前一年刚长出的枹栎的新芽越冬时叶子会落光。

白栎木的果实仍保持着秋天落下时的样子。

枹栎的果实开始生根。

后记

从孩提时代开始，我就非常喜欢捡一些有趣的东西并把它们收藏起来。在千叶县的海滨长大的我，起初最热衷于收集那些被海浪冲上岸的美丽贝壳。虽然我每天都会去海边拾贝壳，但每天拾到的贝壳却不尽相同——可想而知，这对年幼的我来说是一件多么神奇的事情啊！

后来，我成为了一名教师，在一所学校工作。这所学校位于日本内陆地区，周围是一片杂木林。我常去林间散步，林间那些蜜蜂的空巢、小动物的骨头都在迎接我的到来。在这里，我继续着奇妙的际遇——尽管每天都去树林中转悠，却再没见到过最初遇到的那些小东西。

“在这个世界上，你没见过的东西还多着呢！”想到这里，心中那股探索未知的热情又被点燃了。好吧，就让我继续去探索家附近的那些树林，去发现更多大自然的宝藏吧！

盛口 满

盛口 满，1962 年出生于日本千叶县。千叶大学自然科学部生物学专业毕业后，自 1985 年起任职于自由之森学园，担任初、高中部生物教师。2000 年从该校辞职后，移居冲绳。在冲绳期间，担任 NPO 珊瑚舍学校的教师。代表作有：《我们收集动物遗体的原因》（动物社）、《貉的最完全图鉴》（大日本图书）、《狗尾草爆米花》（木魂社）、《我的昆虫记》（讲谈社）等。

本书中秋冬章节中的一些内容刊登在杂志《大大的口袋》中，题为《秋天的收藏》《冬天的收藏》。

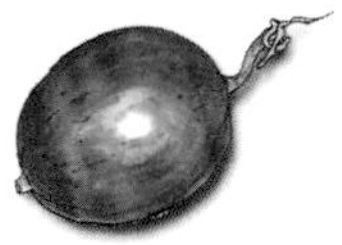

图书在版编目（CIP）数据

我的收藏：寻找大自然的宝藏 /（日）盛口满文图；浪花朵朵童书编译；杨媛译.
-- 北京：北京联合出版公司, 2016.4（2020.6 重印）

ISBN 978-7-5502-7484-6

Ⅰ. ①我… Ⅱ. ①盛… ②浪… ③杨… Ⅲ. ①自然科学－少儿读物 Ⅳ. ①N49

中国版本图书馆CIP数据核字(2016)第068989号

我的收藏：寻找大自然的宝藏

文·图：［日］盛口 满　　译：杨　媛
出 品 人：赵红仕
选题策划：北京浪花朵朵文化传播有限公司
出版统筹：吴兴元　　特约编辑：冉华蓉　阿　敏
责任编辑：张　萌
营销推广：ONEBOOK　　装帧制造：墨白空间
北京联合出版公司出版
（北京市西城区德外大街 83 号楼 9 层 100088）
天津创先河普业印刷有限公司印刷　新华书店经销
字数 56千字　787毫米 × 1092 毫米　1/12　$8\frac{2}{3}$ 印张
2016 年 5 月第 1 版　2020 年 6 月第 6 次印刷
ISBN 978-7-5502-7484-6
定价：78.00 元

后浪出版咨询(北京)有限责任公司
常年法律顾问：北京大成律师事务所　周天晖　copyright@hinabook.com

●昆虫的脸

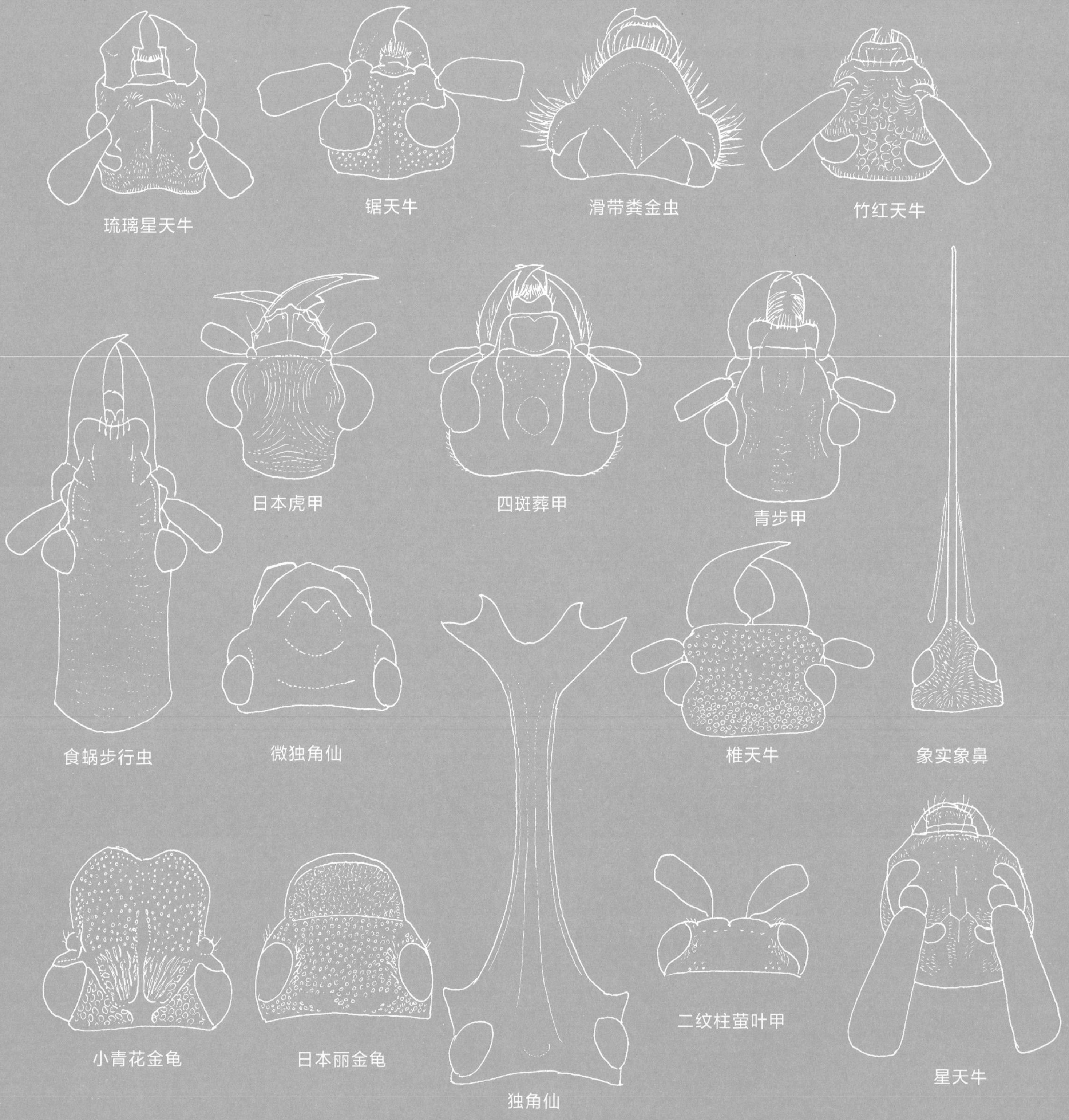
琉璃星天牛
锯天牛
滑带粪金虫
竹红天牛
日本虎甲
四斑葬甲
青步甲
食蜗步行虫
微独角仙
椎天牛
象实象鼻
小青花金龟
日本丽金龟
独角仙
二纹柱萤叶甲
星天牛